职业教育旅游与餐饮类专业系列教材

现代厨房管理实务

主　编　鲁　煊　文歧福

副主编　陈世敏　袁德华　沈培奇　黄　隽　谭顺捷

参　编　黄吉祥　郭景鹏　蒋一畅　尧　进　刘　艺

　　　　曾永南　余正权　罗家斌　刘东升　秦钦鹏

　　　　吕宇锋　李战斌　梁保迪　梁文娇

机械工业出版社

本教材是在充分分析现代厨房管理人员任职要求、工作中涉及的知识及技能的基础上，以教育部相关文件精神为指导，坚持"贴近学生，贴近岗位"的基本原则，采用简洁易懂的语言编写而成。本教材在编写过程中本着针对性与适用性、实践性与实用性、科学性与创新性相结合的原则，充分体现出职业教育的特色。

　　本教材依据实际岗位工作过程和涉及的知识及教学规律，以市场为导向，以行业适用性为基础，紧紧围绕职业教育的基础性、操作性、实用性等特点组织内容与架构。本教材共分10个模块，包括现代厨房管理认知、现代厨房规划布局、现代厨房员工队伍建设、现代厨房生产原料管理、现代厨房菜点生产管理、现代厨房菜点营销管理、现代厨房菜点创新管理、现代厨房菜点生产成本管理、食品安全与厨房安全管理、厨房"8S"与"6T"管理法。

　　本教材不仅可以作为职业院校旅游餐饮类专业的教材，还可以作为餐饮企业投资人和酒店、饭店、餐馆的厨房从业人员开拓管理知识视野的工具书。

图书在版编目（CIP）数据

现代厨房管理实务/鲁煊，文歧福主编. —北京：机械工业出版社，2021.1（2025.1重印）

职业教育旅游与餐饮类专业系列教材

ISBN 978-7-111-67187-9

Ⅰ．①现… Ⅱ．①鲁… ②文… Ⅲ．①厨房—管理—高等职业教育—教材

Ⅳ．①TS972.35

中国版本图书馆CIP数据核字（2020）第267537号

机械工业出版社（北京市百万庄大街22号　邮政编码100037）

策划编辑：孔文梅　　　责任编辑：孔文梅　张美杰　董宇佳

责任校对：潘　蕊　　　责任印制：常天培

河北鑫兆源印刷有限公司印刷

2025年1月第1版第12次印刷

184mm×260mm · 14印张 · 312千字

标准书号：ISBN 978-7-111-67187-9

定价：48.00元

电话服务　　　　　　　　网络服务

客服电话：010-88361066　　机　工　官　网：www.cmpbook.com

　　　　　010-88379833　　机　工　官　博：weibo.com/cmp1952

　　　　　010-68326294　　金　书　网：www.golden-book.com

封底无防伪标均为盗版　　机工教育服务网：www.cmpedu.com

前言
▶Preface

　　不断实现人民对美好生活的向往是餐饮行业的情怀和使命。党的二十大明确了推动高质量发展是全面建设社会主义现代化国家的首要任务，提出的绿色发展、扩大内需、供给侧结构性改革、构建国内大循环为主体的新发展格局、建设现代化产业体系等为餐饮业高质量发展指明了方向。餐饮业积极贯彻新发展理念，按照高质量发展要求，将绿色化、品牌化、数字化、特色化和产业化放到首要位置。设计、布局科学合理的现代化厨房，打造优秀的菜品生产服务团队，购进质优价廉的烹饪原料，制定标准化的菜品生产程序，推出针对性的营销计划，规范菜点创新，降低生产成本，已经成为现代厨房管理工作者的工作重心。

　　为做好本教材的编写工作，编写团队认真研读了国家教材委员会印发的《全国大中小学教材建设规划（2019—2022年）》和教育部印发的《职业院校教材管理办法》等文件。编者深入厨房生产现场进行调研，通过与厨房一线管理人员进行深入访谈，邀请职教专家、企业高技能人才、行政总厨等进行研讨，确定本教材的编写架构和内容，做到了深入浅出，难易适中，并且在规划、编写、审核等环节严格执行相关政策文件精神，力求将每个知识点表述清楚，便于学习者学习领会。

　　本教材共分十个模块，包括现代厨房管理认知、现代厨房规划布局、现代厨房员工队伍建设、现代厨房生产原料管理、现代厨房菜点生产管理、现代厨房菜点营销管理、现代厨房菜点创新管理、现代厨房菜点生产成本管理、食品安全与厨房安全管理、厨房"8S"与"6T"管理法。本教材既可作为高职院校烹调工艺与营养专业及餐饮管理专业厨房管理课程的教材，也可作为餐饮企业投资人和酒店、饭店、餐馆等企业的厨房部门从业人员学习运用现代科学管理知识和先进管理技术管理厨房的工具书。

　　本教材依据实际岗位工作过程和涉及的知识及教学规律进行内容安排与组织，以市场为导向，以行业适用性为基础，紧紧围绕职业教育的基础性、操作性、实用性等特点；打破传统厨房管理教材的固有内容，增加厨房成本控制、菜点研发、菜点销售、厨房"8S"与"6T"管理法等知识。

　　本教材具有以下几个显著的特点：

　　1. 在规划、编写、审核等环节，注重体现职业教育特色，强化全流程产教融合、校企合作，以培养技术技能型人才为目标来确定教材编写的内容、体例、模式和原则。

　　2. 依据技术技能型人才成长规律和学生认知特点，对接先进的职业教育理念，突出理论和实践相统一，吸收比较成熟的新技术、新工艺、新规范等，注重以真实生产项目、典型工作任务、案例等为载体组织教学单元。

3．编写团队由拥有丰富教学实践经验的一线教师、统筹餐饮行业"一手"信息的行业专家和具有丰富实操经验的一线企业高级技术人员组成，成员达到了21人。团队成员熟悉职业教育教学规律和学生身心发展特点，对本专业领域有比较深入的研究，熟悉餐饮行业发展与用人要求，有丰富的教学、科研和企业工作经验，所有人员均具有中级及以上专业技术职称。

4．在编写中坚持"贴近学生，贴近岗位"的基本原则，以培养生产、建设、服务、管理第一线的高端技能型人才为主要任务，采用简洁易懂的语言，本着针对性与适用性、实践性与实用性、科学性与创新性相结合的原则，充分体现职业教育的特色。

本教材由鲁煊、文歧福担任主编，陈世敏、袁德华、沈培奇、黄隽、谭顺捷担任副主编，黄吉祥、郭景鹏、蒋一畅、尧进、刘艺、曾永南、余正权、罗家斌、刘东升、秦钦鹏、吕宇锋、李战斌、梁保迪、梁文娇担任参编。具体分工如下：模块一由文歧福和蒋一畅编写，模块二由鲁煊、蒋一畅和尧进编写，模块三由鲁煊和陈世敏编写，模块四由文歧福、刘艺、李战斌和梁文娇编写，模块五由鲁煊、曾永南和余正权编写，模块六由鲁煊、郭景鹏、罗家斌、吕宇锋和梁保迪编写，模块七由袁德华和谭顺捷编写，模块八由黄隽、谭顺捷和黄吉祥编写，模块九由沈培奇和刘东升编写，模块十由沈培奇和秦钦鹏编写。全书由鲁煊负责统稿。

本书在编写过程中得到了桂林旅游学院教授刘墩荣先生的悉心指导；钦州市名厨专业委员会主席、钦州远洋大酒店行政总厨、中国烹饪大师黄小华先生和柳州丽笙酒店行政总厨陈霖先生对本书大纲编写、模块安排、内容选取提出了宝贵的意见；机械工业出版社的编辑们给予了悉心指导与支持。在编写过程中，我们参阅了部分出版物，广泛听取了行业一线管理人员和院校专业教师的意见，吸取了同类、同层次教材的长处，在此一并向这些作者、同行及专家表示衷心的感谢！

由于编写团队的水平有限，教材中的疏漏和不妥之处在所难免，使用本教材的专家、学者、师生和广大厨房管理人员如发现不足或欠妥之处，敬请提出宝贵的意见，以便编者进一步修订完善。

为方便教学，本书配备了电子课件等教学资源。凡选用本书作为教材的教师均可登录机械工业出版社教育服务网 www.cmpedu.com 免费下载。如有问题请致电 010-88379375，服务 QQ：945379158。

鲁　煊

目录 ▶ Contents

模块一

现代厨房管理认知

学习目标

知识目标：

▶
1. 了解厨房现代化运营的两大表现。
2. 理解现代厨房生产的四个特征。
3. 了解合格厨房管理人员应具备的四项基本素质。
4. 熟悉厨房管理人员必备的四项工作能力。

能力目标：

▶
1. 能正确理解行政总厨的管理内容。
2. 能利用互联网收集、整理厨房管理相关知识，解决实际问题。
3. 能结合实际工作更好地学习本门课程。
4. 能根据实际工作需要进行知识迁移。

　　无论是大型的星级酒店还是普通餐饮企业，菜点供应都离不开厨房，厨房是它们赖以维持经营的基础。厨房菜点生产能否有效运行，出品的各类菜点是否优质美味，取决于厨房管理人员业务水平和管理能力的高低。厨房的管理是建立在以生产优质菜点为主要目标的管理内容之上，厨房作为生产部门，其生产任务又完全取决于服务销售的结果，也就是说，厨房管理与一般的工厂管理有很大的区别。厨房生产管理的特殊性，使得厨房管理人员在整个酒店或餐饮企业的管理岗位中具有特别的意义。

单元一　现代厨房管理概述

现代厨房管理是指厨房管理者为实现经营目标，运用现代的、科学的理论知识，依据一定的规律、原则、程序和方法，对厨房内各种资源进行合理的规划和设计，建立高效的、科学的组织结构，充分发挥厨房管理员工的积极性，以实现企业经营目标的活动过程。

一、厨房现代化运营两大表现

厨房现代化运营主要表现在两个方面：厨房硬件建设的现代化和厨房管理方式的现代化。

1. 厨房硬件建设现代化

厨房硬件建设指房屋建筑、房屋空间、设施设备的布局等。现代厨房建筑要求房屋墙壁坚固，厨房空间的高度、宽度适合采光、通风、排烟、排污，保证供水、供电达到环保、卫生安全的要求。厨房的设施方便、安全，厨房设备多用不锈钢及电器化产品、机械化产品，力求简洁实用，便于操作，减少厨房人员工作强度。厨房布局力求科学合理，减少高温、噪声，符合合理利用空间又达到物品加工和加工工序顺畅流通，不回流。厨房硬件建设的现代化将有利于改善工作人员劳动强度，提高工作效率和保障产品质量及卫生达标。

2. 厨房管理方式现代化

厨房管理方式现代化是在厨房管理中广泛应用现代科学技术的最新成就，使厨房管理系统的各个因素、各项活动，与以物质技术为基本标志的现代生产力水平及其发展相适应、相促进的过程。其主要内容包括：

（1）管理思想现代化。即厨房管理的指导思想要符合技术和经济规律，按客观规律办事，并从系统思想出发，把厨房当成一个有机整体，实行系统的全过程的管理，做到统筹全局、合理调控。

（2）管理体制和管理组织合理化。即企业要有一个既适合生产力发展水平，又适合生产关系性质和本国政治经济制度的、能提高管理工作效率的组织领导企业生产经营活动的模式。

（3）管理方式民主化。即保证厨房员工及其选出的代表参加厨房或企业重大问题的讨论和决策。

（4）管理人员专业化、知识化。要求厨房的领导者和管理者既具备生产技术、经营管理、经济理论和政策等方面的知识，又精通本行业务。

（5）管理方法科学化。即厨房管理的各项工作要按照反映客观经济规律的科学模式有序地进行活动。它要吸收和运用管理科学的新成果，以提高管理的及时性、准确性和有效性。

二、现代厨房管理的"五个需要"

1. 厨房管理需要"科学知识"

具备饮食科学的专业知识，如营养学知识、食品卫生学知识和烹饪化学知识等，是现代厨政管理工作者的必备素质，也是餐饮企业成功的重要条件之一。

2. 厨房管理需要"文化建设"

国内各大城市都有培养烹调及餐饮管理人才的职业院校或培训机构，而大部分的中小餐馆多半是由老板带着厨师和服务人员搞管理，相当一部分人没有经过专业系统的学习。有些经营者能勤奋自修，常常阅览饮食书籍和杂志。反映到现实中的是，凡是自修专业和勤学饮食文化者，其生意的圈子和社交领域均较一般经营者广。我们常说，只要有产品需求者，就会有相应的产品提供者。我们盼望有远见和壮志的年轻人进入各院校或培训机构学习进修，打下技艺、理论和管理的基础，将来成为一位有志向、有成就的"厨政管理师"。

3. 厨房管理需要"前后密切配合"

顾客到餐厅用餐，除了享受美食之外，还对用餐环境提出了更高的要求，餐厅的环境价值与"吃"同样重要。高雅的用餐环境、与众不同的设计，美妙的音乐旋律，甚至别出心裁的洗手间装潢，都会令顾客赞赏。新潮的厨房开始面向顾客开放，厨房的操作实况已经不再是秘密，透明化的厨房已经变成客人观赏的最佳亮点。为此，厨房和工作人员必须加强卫生工作，以保持餐厅的形象和顾客对餐厅的信心。员工的"亲切""幽默"是吸引宾客的第一要素。现代厨房管理的价值取决于美食价值与环境价值，是吸引新客户、维持老客户的法宝。

4. 厨房管理需要"学以致用"

综观世界上成功的大型连锁企业，家家重视管理学，户户重视管理人才的培训，麦当劳大学就是一个典型例子。厨房管理学是一门专业知识，也是一项专业技术，厨房管理学的升华是理论支持实践，实践引证理论。厨房管理的理论基础由管理学、市场学、财务管理与分析、菜单学、人事管理与行政管理等不同的相关学科构成，每个学科都有其精髓，不可或缺。

5. 厨房管理应有"引导价值"

未来餐饮业的新趋势是业界更加强调其对大众的引导性，烹调类电视节目与大厨上电视展示厨艺成为热门传递出一个新的信息：大众有兴趣看这些节目，表示他们愿意学习烹调。因而，烹调具有的引导意义不可忽视。厨政管理人员必须把握住这个新潮流，除了供应"健康美味"的菜品之外，还要让每一位员工都成为传递饮食文化的"大使"，企业不仅要好好培训这些"大使"，更要善待这些"大使"。

三、厨房生产的四个基本特征

厨房生产管理是厨房管理的重要组成部分。厨房作为向客人提供菜点的生产加工部门，其生产情况直接关系着餐饮企业经营状况的好坏。生产的水平高低和产品质量的好坏，又直接关系到企业的经营特色和市场形象。

1. 厨房生产过程的完整性和复杂性

厨房生产活动，尤其是传统意义上的厨房生产活动与其他行业的生产活动有很大不同。厨房生产过程十分完整。从原料的验收、初加工、储存、切配、烹饪加工处理到产品送至出品口，几乎都是在厨房部门的小天地中完成的。餐饮生产活动的特点还体现在生产过程的复杂性上。从原料选择看，质量的鉴别难度颇高，通常需要看、闻、摸、按，再加上仪器鉴定等；然后是初加工环节，包括分选、宰杀、冲洗、刮削、浸泡、涨发、晾晒等；再次是切配部门的切制、配制、配份；最后上炉灶烹调成菜。从非工艺角度看，有冷菜、点心、西餐等专项烹饪作业群体，呈现出众多的形式。

2. 厨房生产活动时间上的间歇性

厨房生产节奏基本上是由餐厅营业情况决定的。在假日经济繁荣的今天，别人休息并享受着假期的欢乐的时候，正是餐饮从业人员最忙的时候。餐厅内高朋满座，厨房内炉火熊熊，服务员忙里忙外。这种用餐时间的规律性，使得厨房工作在一年之中，一月之中，一周之中，一日之中几经"峰顶"和"谷底"阶段。

厨房生产活动时间的间歇性还体现在某一种具体产品的生产上。一种类型的就餐者喜欢某种菜点，另一种类型的就餐者则喜欢另一种菜点，这两类就餐者的轮流更替出现，就会引起厨房生产上的时间性变化。这种产品的时间性变化往往在制订生产计划时难以预料。

3. 厨房生产活动强度上的超强性

厨房生产的现代化进程是比较缓慢的，其中的原因多种多样，有技术原因、社会原因，也有观念原因。厨房现代化发展缓慢，这在传统的中餐厨房中表现得最为突出，因为中餐绝大部分劳动靠手工加工完成。在整个加工工艺过程中，手工劳动的比重占到80%以上。

除此之外，厨房生产劳动的环境也是整个饭店所有劳动岗位中最为艰苦的，高温、蒸汽、油烟、噪声等，时时刻刻环绕着生产加工者。烹制加工完毕的菜肴没有通过类似工业品销售的物资部门中转，而是直接送到餐厅的餐桌上，产品预制的可能性很小，基本上都是"现点现做，现做现卖"，一气呵成。生产与销售直接见面，导致生产强度加大。

4. 厨房生产运作的独特性

由于厨房生产劳动时至今日基本上仍以手工劳动为主，这就决定了生产活动的低效率。厨房产品的经营是"产销直接见面"，同样也会造成生产活动效率的低下。

产品一旦生产出来，质量检查和检验时间就少，尤其是在营业高峰期。产品一旦离开生产场地，便直接放在消费者面前，质量欠佳的菜肴，虽有餐厅的服务相佐，可入口之后，终究不能遮掩真相。人们对味觉的不满程度，远远超过对视觉、嗅觉、触觉等其他方面引起的不满意程度。被就餐者拒绝的餐饮产品几乎没有返工的余地，这与其他种类的产品截然不同。对这一类没有返工整修余地的产品，我们称之为"一次性质量产品"。但是，遭到拒绝的餐饮"一次性质量产品"，并非都是质量欠佳的产品，在许多场合下，评判质量好坏的标准是由消费者决定的。这些都大大地加大了生产者的劳动难度，降低了餐饮产品的生产效率。

单元二　现代厨房管理任务

要管理好厨房业务，就要有一套严密的管理制度，使厨房工作井然有序，产品符合规格标准，明确各部门职能、生产范围，及时协调关系，将厨房的各种资源进行整合，提供品质优良且持续稳定的菜品，创造最高的工作效率。

1. 科学设计布局厨房

厨房设计布局是厨房的基础硬件建设，设计布局的结果直接影响到厨房的建设投资和生产出品的速度、质量。因此，对厨房进行设计布局之前必须进行充分的研究，切实遵循相关原则。厨房设计布局对厨房生产规模和产品结构调整会产生长远的影响，对厨房员工的工作效率和身心健康也具有不可估量的作用。

2. 建立高效厨师队伍

要树立现代化的管理理念，做好劳动力的调配。对下属员工做到心中有数，根据每个厨师的技术特长，合理安排技术岗位。运用情感管理，配合经济的、法律的、行政的手段和方式，激发厨房员工的工作热情，充分调动员工积极性。员工的积极性调动起来了，工作效率就会得到提高，产品质量就会有保证。

3. 规范原料按标采供

及时筹措、适量供给各类原料，是从事正常餐饮生产、提供优质餐饮服务所必需的前提条件。此外，熟悉和掌握货源情况，监督请购计划和原材料的保管，防止原料变质，也是餐饮企业正常运营的保障。为做好原料采供管理，需做好以下5个方面的工作：第一，制定详细的货物请购、验收、申领、调拨制度；第二，监督管理采购质量，制定出"标准采购规格"规范；第三，做好采购时间、采购价格与采购数量管理工作；第四，制定验收程序、验收原则、验收条件等制度；第五，做好货物贮存、发放和库存盘点的监督和控制工作。

4. 督导厨房菜点生产

好的厨房产品质量是指提供给客人食用的产品无毒无害、营养卫生、芳香可口且易于消化，菜点的色、香、味、形俱佳，温度、质地适口，客人餐毕能感到高度满足。抓好菜点质量，需要经常检查菜点生产，做到供应快捷，有条不紊，急顾客之所急。

5. 配合企业营销计划

每一个崛起的商业神话，都意味着一种独特营销模式的成功；每一个倒下的商业巨人，都代表着营销人的苦涩历程。以顾客为导向的营销计划，需要有系统的策划和独到的见解，理解顾客需要解决的问题，找到吸引顾客注意力和让他们惠顾的方法。吸引顾客的目的是让顾客改变自己的行为，如果没有推出有针对性的营销计划，营销的核心将无法体现，更无法改变顾客的消费行为，也就无法实现既定的营销目标。

6. 构建菜点创新体系

菜点创新体系是由菜点创新活动及与其有关的一切因素组成的一个相互作用、相互影响的体系。餐饮产品一是为了满足人们的口味需求而生产；二是为了企业能销售盈利而生产。为满足这两种需求，厨房产品需要不断创新以吸引顾客，抢占餐饮市场。构建菜点创新体系具有现实意义和长远的战略意义。因此，明智的酒店、餐馆管理者都懂得建立起厨房菜点创新体系，组织技术人员研究、开发、创新厨房产品，以谋求发展、获取利润。

7. 合理降低生产成本

近年来，随着国内餐饮市场竞争日趋激烈，餐饮企业的高利润时代已渐渐成为过去。面对这种形势，餐饮企业要通过强化内部管理避免各种"跑冒滴漏"现象，通过控制成本，合理使用原料，减少浪费，做到物尽其用，达到降本增效的目的。

8. 确保厨房安全卫生

厨房的安全与卫生是厨房管理中的重要环节。厨房的安全与卫生管理是为保障顾客和员工人身安全以及餐馆、厨房财产安全而实施的重要管理措施；厨房的卫生管理目的是保证生产出的产品质量符合无害、无毒、卫生的要求。加强卫生管理是防止菜点受污染，预防疾病发生的重要手段。

9. 实现厨房规范工作

发动厨房员工讨论并制定一些维护厨房生产秩序所必需的基本制度是十分必要的，既可以保护大部分员工的正当权益，又能约束少数人员的不自觉行为。厨房管理制度实际上就是厨房员工的行为规则，它说明什么可以做、什么不可以做、如何去做、做什么可以获得奖励，以及做什么将受到惩罚。

单元三　厨房管理者的素质与能力

管理不仅仅是一门科学，更是一门艺术，而艺术是没有固定的模式的。作为厨房最高层次的工作人员——行政总厨（厨师长），他们就像艺术家一样，不是在课堂上培养出来的。不过，合格的行政总厨没有固定的模式，但是有一些基本素质是不可或缺的。厨房是从事菜点生产的场所，是餐饮企业的"心脏"。厨房所处的特殊环境、位置和独特的生产运作模式，使其管理也具有很强的特殊性。厨房的最高管理者——行政总厨（厨师长），不仅要具备较强的组织协调能力，还应具备多项本领，具有统领全局的综合素质。

一、四项基本人文素质

1. 思想道德

未来餐饮业的竞争会更加激烈，厨师之间的竞争也不可避免地要加剧。更多的用人单位在选择厨师时的考量因素已不仅仅局限在技术方面，而是从理论知识、综合素质和人格方面综合考虑。对厨师来说，人格就是思想道德。德是才之师，是成就事业的基础。假如一个厨师欺上瞒下、坑害他人、偷吃偷拿、损人利己、道德败坏，有谁愿意与他交朋友，做同事？又有谁愿意聘用他呢？所谓要想做成事必先做好人。所以，高尚的人格和良好的思想道德是现代厨师最重要的素质。现代厨房管理者应具备的思想道德具体有以下几点：

(1) 拥护国家的方针政策，有一定的政策水平。

(2) 树立科学的世界观和人生观。

(3) 严守法纪、勤俭节约、秉公尽责。

(4) 实事求是、开拓创新、团结协作。

(5) 具有强烈的事业心和责任感。

2．职业道德

所谓职业道德，简单地说就是行业规范和个人的行为意识。随着社会的不断进步，经济的飞速发展，餐饮业以及厨师间的竞争加剧，厨师职业道德越发显得重要。厨房管理人员拥有良好的职业道德素质，不仅为个人的生存和发展提供了基础和保证，而且对树立新风、推动餐饮行业的健康发展也必将产生明显而深刻的影响。新时期厨房管理人员职业道德主要表现在以下几点：

（1）热情友好、宾客至上。倾注满腔热情，真诚友好地接待每一位客人，是餐饮工作者高尚的道德情感在职业活动中的体现。宾客至上就是把顾客放在第一位，一切为宾客着想，尽力使宾客满意，全心全意为宾客服务，是每个餐饮从业人员应尽的义务。

（2）文明礼貌、优质服务。文明礼貌对每一个餐饮工作者来说，不仅是基本的业务要求，也是重要的道德规范。消费者是我们的客人，是怀着美好的情感和愿望远道而来的朋友，出于基本的职业道德，我们当然应该热情友好、以礼相待。优质服务是一切服务行业的共同规范，也是每个餐饮从业人员最重要的道德义务。

（3）敬业爱岗、忠于职守。对于餐饮从业人员来说，敬业就是敬重所从事的餐饮事业；爱岗就是热爱自己的本职工作。忠于职守，就是严格遵守职业纪律，尽心尽责，具有强烈的责任感和事业心。

（4）钻研业务、提高技能。只有掌握丰富的业务知识和熟练的职业技能以及过硬的基本功，才能为消费者提供优质服务，才能尽到自己的职业责任，才能为企业赢得声誉，才能为自己的晋升提供支持。

3．知识水平

（1）业务知识。厨房管理者应掌握与厨房生产与管理相关的业务知识，熟悉菜点原料和烹饪工艺的基本原理，懂得菜点营养卫生知识，了解安全生产、菜点库房管理等知识。

（2）核算知识。厨房管理者应熟悉厨房产品成本的构成特点，掌握厨房各类产品成本的计算方法，懂得厨房产品成本日核算与成本日报表和厨房产品成本月核算与成本月报表的制作等。

（3）科技知识。厨房管理者应具备一定的网络知识，能通过网络了解本专业的发展动态；掌握计算机操作方法，能够运用计算机进行相关管理工作。

（4）政策法规知识。熟悉《中华人民共和国食品安全法》、《中华人民共和国消防条例》，了解旅游及有关涉外法规，熟悉主要客源饮食习俗方面的知识。

4．职业能力

（1）业务实施能力。能正确理解上级的工作指令，对厨房生产和管理实行全面控制，圆满地完成工作任务。

（2）组织协调能力。能合理有效地调配厨房的人力、物力和财力，调动下级工作的积极性，善于同有关部门沟通。

（3）开拓创新能力。能及时准确地进行餐饮市场的预测和分析，不断更新菜点品种。

（4）文字表达能力。能熟练地撰写工作报告、总结和各种计划，能简明扼要地向部下下达工作指令。

（5）外语运用能力。对于星级酒店和高档的餐厅，要求厨房管理人员能掌握一门外语，能阅读有关业务外文资料，并能进行简单的会话。

二、四项必备的工作能力

1．两手都要硬

两手都要硬，指的是厨房管理者烹调加工技术和组织协调能力两方面都要过硬。

中餐厨房的生产加工是一项专业性和技术性都很强的工作，如果负责管理厨房生产的厨房管理者不懂烹调加工技术，其结果是无法想象的。因为，在目前的生产力水平下，菜点的生产过程与质量无法进行严格意义上的量化，具有很大的模糊性与随意性。要想确保厨房菜点的出品质量符合标准，厨房管理者必须是一个烹调技术高超的技术型人才，这就是"内行管内行"的道理。

厨房管理人员在拥有高超技术的同时，还必须具有系统性和整体性地安排分散的人或事物的能力，才能在实际工作中创造良好的工作环境和周边关系，处理好同上级、同事和下属之间的关系。厨房管理人员具有过硬的组织协调能力，有利于产生合力，发挥组织的整体功能；有利于实现工作目标，获得良好绩效；有利于个人身心健康，保持正常的心态。

2．内外都要看

内外都要看，指的是厨房管理者负责厨房菜点生产的同时还应配合前厅的销售与推广工作。

菜点的生产和销售是紧密联系在一起的。这就决定了厨房管理者不仅要负责厨房生产，还要能够很好地与销售部门进行配合，生产加工出客人喜欢的菜点，以促进菜点销售。

从这个意义上看，厨房管理人员既要全面负责厨房的生产管理，又要关注菜点的销售情况。没有销售就没有生产，一个不具有销售意识的厨房管理者，最终会失去生产管理的目标。

3．动口又动手

动口又动手，指的是厨房管理者在负责厨房的组织管理工作的同时还应进行技术示范与培训。

厨房管理者日常工作的主要责任是管理，但由于菜点的生产加工以厨师的技术作为保障，所以厨房管理者在督导中还必须对技术不达标和低等级的厨师进行培训，如示范、教授某菜品的生产工艺，确定新菜品的技术标准等，这些都需要厨房管理者亲自进行操作。也就是说，厨房管理者不仅要具有管理厨师和厨房生产的头脑，同时还是厨房生产操作和示范烹调技术的实践者。

4．文理兼通

文理兼通，指的是厨房管理者既要具备一定的文化素养，又要具有一定的创新能力。

一般来说，一个聪明、勤奋的厨师，即使文化水平较低，经过刻苦学习和训练，最终也可能成为一名技术精湛的烹调高手。但没有一定的文化知识，绝对无法成为一名合格的厨房管理者。

近年来，厨房逐步推广和完善现代化生产管理模式，这就要求厨房管理者不仅应具有一定的业务理论知识和文化素养，同时还要具备一定的现代科学知识与美学知识，如菜点卫生学、菜点营养学、菜点美学、营养配餐、调味科学等。

较高的管理能力不仅表现在管理水平与创新能力方面，还体现在与外部的沟通能力方面。厨房管理者如果没有与餐厅、原料采购部、工程部、财务部、市场销售部等部门进行及时联络与良好沟通，是无法把厨房管理工作做好的。

课后习题

一、名词解释

1. 厨房管理
2. 职业道德
3. 忠于职守
4. 内外都要看

二、填空题

1. 厨房现代化运营主要表现在两个方面：厨房_____的现代化和厨房_____的现代化。

2. 厨房硬件建设的现代化将有利于改善工作人员_____，提高_____和保障产品质量及卫生达标。

3. 菜点创新系统是由菜点创新活动及与其有关的一切因素组成的一个_____、_____系统。

4. 厨房管理者必须是一个烹调技术高超的技术型人才，这就是_____的道理。

5. 中餐厨房的厨房管理者不仅要具有管理_____和_____的头脑，同时还是厨房生产操作和示范烹调技术的实践者。

三、选择题

1. （   ）向客人提供菜点的生产加工部门。

　　A. 厨房部　　　　B. 餐厅部　　　　C. 销售部　　　　D. 工程部

2. 厨房设计布局直接影响到厨房的（   ）和生产出品的（   ）。

　　A. 建设投资　　　B. 速度、质量　　C. 工作环境　　　D. 效能、产量

3. 厨房的（   ）是为保障顾客和员工人身安全以及餐馆、厨房财产安全而实施的重要管理措施。

　　A. 销售管理　　　B. 采供管理　　　C. 成本管理　　　D. 安全与卫生管理

4. 高尚的人格和良好的（   ）是现代厨师最重要的素质。

　　A. 身体素质　　　B. 思想道德　　　C. 表达能力　　　D. 交际能力

5. 较高的管理能力，不仅表现在管理水平与创新能力方面，还体现在与外部的（   ）方面。

　　A. 说服能力　　　B. 组织能力　　　C. 沟通能力　　　D. 协调能力

四、判断题

1. 厨房菜点生产能否有效运行，出品的各类菜点是否优质美味，取决于厨房管理人员业务水平和管理能力的高低。　　　　　　　　　　　　　　　　　　　（　　）

2. 厨房管理与一般的工厂管理无区别。　　　　　　　　　　　　　　（　　）

3. 未取得"健康证"也可以从事菜点生产、销售工作。　　　　　　　（　　）

4. 现在的客人到餐厅用餐，除了享受美食之外，还对用餐环境提出了更高的要求，餐厅的环境价值与"吃"同样重要。　　　　　　　　　　　　　　　　　　（　　）

5. 新潮的厨房已经面向顾客开放，厨房的操作实况已经不再是秘密，透明化的厨房已经成为客人观赏的最佳亮点。　　　　　　　　　　　　　　　　　　　（　　）

6. 员工的积极性调动起来了，工作效率就会得到提高，产品质量就会有保证。　　　　　　　　　　　　　　　　　　　　　　　　　　　　　　　　（　　）

7. 随着国内餐饮市场竞争日趋激烈，餐饮企业的高利润时代已渐渐成为过去。　　　　　　　　　　　　　　　　　　　　　　　　　　　　　　　　（　　）

五、简答题

1. 现代厨房管理方式的现代化包括哪些方面？

2. 现代厨房管理"五个需要"的具体内容是什么？

3. 简述厨房生产的四个基本特征是什么？

4. 为做好原料采供管理，需要做好哪些方面的工作？

模块二
现代厨房规划布局

学习目标

知识目标：

▶ 1. 了解影响厨房规划布局的因素。
2. 熟悉确定厨房面积的方法。
3. 熟悉厨房整体环境规划布局。
4. 掌握厨房设备选择应考虑的七个因素。
5. 掌握厨房设备管理的"六字"原则。

能力目标：

▶ 1. 能正确理解厨房环境设计各类参数，并灵活使用。
2. 能根据厨房整体面积的确定方法，计算准备建设厨房的所需面积。
3. 能根据所学知识，设计布局符合企业特点的厨房。
4. 能对现有厨房的设计布局情况进行评估。

厨房是厨房管理人员的管理核心之地，优秀的厨房管理人员不应该处于被动状态，而要从厨房设计、建设阶段就应把厨房管理的理念融入其中。当然，在更多的情况下，厨房管理人员面临的是一个结构基本定型的厨房。如果现成的厨房对科学的生产造成了不利的影响，则必须进行改造调整，使之符合科学、有序的出品控制流程。

单元一　现代厨房规划布局基础

厨房是餐厅的主要配套项目，它为餐厅提供各式菜点。厨房设计得好坏、科学合理与否，不仅影响到建设资金投入和生产出品质量，而且会对厨房生产规模和产品结构的调整产生长远的影响；对厨房员工的工作效率和身心健康均发挥着不可低估的作用。

一、厨房的三种分类方法

厨房有家庭厨房，有单位食堂厨房，以及酒店厨房、餐馆厨房，本教材中所研究的厨房均指酒店、餐馆中的厨房。厨房是一个大概念，就其功能、规模、餐别的不同，可做如下分类：

1. 按厨房的生产功能分类

（1）加工厨房。加工厨房是指专门对烹饪原料进行初步加工（宰杀、去毛、洗涤、涨发等）的厨房。

（2）宴会厨房。宴会厨房是专门为宴会厅生产、烹制宴会菜肴的场所。

（3）散点厨房。散点厨房是专门用于生产、烹制零散客人临时点用菜点的场所。

（4）冷菜厨房。冷菜厨房是专门加工、制作、出品冷菜的场所。冷菜厨房还可分为冷菜烹调制作厨房（如加工卤水、烧烤或腌制、烫拌冷菜等）和冷菜装盘出品厨房。

（5）面点厨房。面点厨房是专门制作面食、点心及饭粥类菜点的场所。中餐厅又称其为点心间，西餐厅多叫包饼房。面点厨房如图2-1所示。

（6）咖啡厅厨房。咖啡厅厨房是专门负责生产制作咖啡厅供应菜肴及煮制各类咖啡的场所。

（7）烧烤厨房。烧烤厨房是专门用于加工、制作烧烤类菜肴的场所，如图2-2所示。

（8）斋菜厨房。斋菜厨房是专门制作斋素饭菜的场所。

（9）快餐厨房。快餐厨房是专门加工、制作快速消费菜点的场所。

图2-1　面点厨房

图2-2　烧烤厨房

2. 按厨房的规模分类

（1）大型厨房。大型厨房是指生产能力大、设备设施多、生产空间大、集中设计、统一管理，由多个不同功能的厨房或区域组合而成，各厨房或区域分工明确，协调一致，承担经营面积在 2 000 平方米或餐位数在 1 200 个以上的厨房。

（2）中型厨房。中型厨房是指生产能力、生产空间低于大型厨房，能提供 500 ～ 1 200 个餐位的厨房。中型厨房场地面积较大，大多将加工、生产与出品等区域集中设计，综合布局，如图 2-3 所示。

（3）小型厨房。小型厨房是指生产能力、生产空间能满足 200 ～ 500 个餐位顾客同时用餐的场所。

（4）微型特殊厨房。微型特殊厨房是指生产功能单一、服务能力十分有限的厨房。比如现场烹饪的明炉、明档（见图 2-4），豪华套间、总统套间、公寓式酒店内的小厨房。

图 2-3　某酒店中型厨房

图 2-4　某酒店明档厨房

3. 按餐饮风味类别分类

（1）中餐厨房。中餐厨房是指专门制作中国各地方菜系的厨房。如广东菜厨房、四川菜厨房、江苏菜厨房、山东菜厨房等。

（2）西餐厨房。西餐厨房是指专门生产西方国家风味菜肴及点心的厨房，如法国菜厨房、美国菜厨房、俄罗斯菜厨房、英国菜厨房、意大利菜厨房等。某酒店西餐厨房见图 2-5。

图 2-5　某酒店西餐厨房

（3）其他风味菜厨房。除了典型的中餐厨房、西餐厨房，还有一些生产制作特定地区、民族的特殊风味菜点的厨房，如日本料理厨房、韩国烧烤厨房、泰国菜厨房等。

二、流线布局安排厨房四大区域

厨房及辅助部分的规划设计中，关键问题之一就是如何合理地安排流线（即厨房生产工艺流程），妥善处理各个流线相互交叉的矛盾。设计厨房流线的前提是分析厨房区域构成，以及区域之间的衔接关系。根据厨房生产工艺流程，厨房及其他辅助部分可以分为以下几个区域。某单位食堂厨房设计平面图如图 2-6 所示。

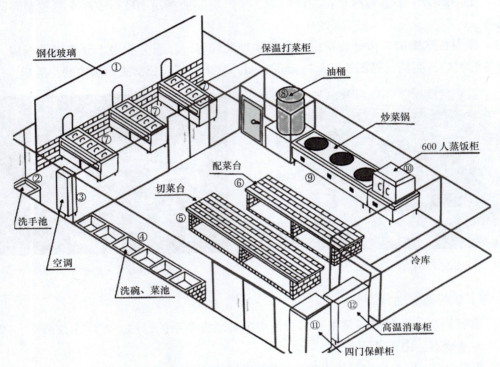

图 2-6　某单位食堂厨房设计平面图

1．原材料管理区域

原材料是厨房生产的基础，厨房生产的第一个环节是向厨房提供原材料。原材料管理区联系着外部市场和内部厨房，是厨房产品深加工的前沿区域。从管理角度分析，该区域的活动是影响厨房经营成本的主要环节，无论是进货的把关还是出货的控制，都需要通过区域空间的布置和各种制度来严格管理。该区域的各个库房应集中在一起，并且减少与外界的通道，防止原材料的流失。该区域还要保证良好的通风，采取防潮、防鼠，以及防虫等措施。

2．原材料初加工区域

厨房工作人员在原材料初加工区域对原材料进行最初级的加工，此环节产生的废弃物非常多，异味很重，并且洗涤等工作会排出大量的污水，污水和清理出来的垃圾会对厨房的卫生产生相当大的影响。所以，原材料初加工区域必须单独设置，与其他区域明显地分隔开。同时，为了方便输出垃圾等废弃物，它必须设有方便的出入口，距供水和排水管道较近。

初加工后的原料性质不同，加工的方式不同，产生的环境效果也不同。如水产品的异味较浓，蔬菜产生的废弃叶、根较多。因此，初加工环节也要将不同性质的原材料分而置之。

原材料初加工区域一般可分为蔬菜处理、水产处理、家禽宰杀、干货泡发等下一级区域。空间条件允许的话，应采用一定的隔断将不同区域分隔开。

3．成品加工区域

该区域按生产功能的不同，可以相对独立地分成四个部分，即热菜配菜区、热菜烹调区、冷菜制作与装配区、饭点制作与熟制区。

（1）热菜配菜区。此区域主要根据零点或宴会的订单，将加工好的原料，进行主配料配份。该区的主要设备是切配操作台和水池等。要求与烹调区紧密相连，配合方便。

（2）热菜烹调区。此区域主要负责将配制好的菜肴主配料进行炒、烧、煎、煮、炸、烤等熟制处理。此区油烟较浓，各种配料繁多，温度高，是烹饪生产由原料进入成品的阶段。该区设计要求与餐厅服务联系密切，出品质量与服务质量相辅相成。

（3）冷菜制作与装配区。此区域负责冷菜的熟制、改刀、装盘与出品等工作。在有些饭店，该区还负责水果盘的切制装配。该区域熟制与切配装盘往往是在不同场地分别进行的。这样可以分别保持冷热不同环境温度，保证整个环境干净卫生，温度适宜，成品质量合格。

（4）饭点制作与熟制区。此区域负责米饭、粥类菜点的淘洗、蒸煮，面点的加工成型、馅料调制，以及点心的蒸、炸、烘、烤等熟制。

这四部分的不同功能决定了它们必须独立设置，特别是冷菜间应采用适当的隔断与其他区域严格分隔，独立设置冷气供应设备。

4．成品服务区域

成品服务区域是介于厨房和餐厅之间的区域，该区域与厨房生产流程关系密切的岗位主要是备餐间、洗碗间。厨房产品生产出来后，通过备餐间传递到餐厅。备餐间是厨房规划中一个很难注意到的地方，但很关键。在备餐间，对厨房产品进行最后的调料搭配，为厨房产品配置合理的器具，控制菜品上菜的顺序，解决就餐客人提出的临时需求，形成隔断厨房与餐厅的过渡空间。所以备餐间应处在餐厅和厨房之间，它与两者都保持紧密的联系。

洗碗间要承担餐厅餐具的洗涤、消毒、放置和分配工作。洗碗间要求靠近餐厅和厨房成品加工区域，洗碗间的供水、排水、通风条件要好，应配备充足的消毒设备。

三、影响厨房规划布局的因素

厨房规划布局受到诸多因素的影响，有内部因素，也有来自餐饮企业以外的因素。

1．内部因素

影响厨房规划布局的内部因素比较多。除企业对厨房的投资总量外，还应考虑到厨房的建筑格局、菜单风味特色、菜点的数量与质量等。

（1）投资总量。投资总量是对厨房设计，尤其是设备配备影响极大的因素。投资总量的多少，直接影响到设计、设备的先进程度和配备成套状况。除此之外，投资总量还决定了厨房装修的用材和格调。

（2）建筑格局。建筑格局的大小、场地的结构形状，对厨房的设计构成直接影响。场地规整、面积宽阔，有利于厨房进行规范设计，配备数量充足的设备。厨房的位置若便于原料的进货和垃圾清运，就为集中设计加工厨房创造了良好条件；若厨房与餐厅在同一楼层，则便于烹调、备餐和出品。

（3）菜单风味特色。菜单风味特色是厨房规划设计必须考虑的又一重要因素。菜单上有西餐菜肴就应配备西餐制作设备；菜单上有冷菜就应配备冷菜制作与装配区或注重卫生消毒和低温环境的创造。

（4）菜点的数量与质量。设计规划厨房时还必须考虑到生产的菜点数量与质量，如果生产大量且高质量的菜点，那么就需要更多更先进的厨房设备与相应的生产空间。

2. 外部因素

企业所在区域公用设施状况对厨房设计有很大的影响。其中影响较大的主要是水、电、气的供应情况。水、电、气的供给与使用直接影响设备的选型和投资的额度。《食品安全法》和当地有关消防安全与环境保护的法律法规，都是在厨房规划设计过程中必须考虑的重要因素。

四、厨房规划布局应考虑的五条原则

各餐饮企业因其内部条件不同而导致厨房布局有很大的差异，但为了保证菜点制作和餐厅经营，在对厨房进行规划布局时，须遵循以下五条原则。

1. 保证菜点卫生和生产安全

菜点卫生是厨房产品质量的第一要素。在规划与设计厨房时，要考虑到厨房原材料的存放、保管，以及加工过程中的清洁卫生条件。此外，厨房的净空高度、通风条件、温度、湿度也是要考虑的因素。厨房的防火、防盗、工作人员的安全通道等是安全生产的重要保证。此外，燃油及液化气的管理和控制对厨房布局的要求也应予以重视。

2. 保证生产工作流程的连续性

从原材料的出库到菜肴的制作，是餐饮产品生产过程中最重要的环节。菜品的制作从原材料初加工、切配、烹调，到装盘出品，工艺十分复杂。应根据生产工艺流程和出品次序安排，合理布局相关设备，避免进出厨房的人流、物流的交叉与回流。

3. 尽可能整合厨房资源

厨房设备的数量和厨房面积的大小等因餐饮企业经营品种、数量的不同而有所差异。然而，科学合理的设计是取得良好经济效益的前提。在可能的情况下，厨房设备应尽量做到兼用、套用，如面点、烧烤、冷菜厨房尽可能集中设置，以便集中生产。有的餐饮企业甚至设立中心厨房进行整合加工生产，各出品厨房调配使用，以节省场地和设备的投资，同时又可减少人工成本。

4. 留有调整发展的余地

随着时代的变化，人们对餐饮的要求越来越高，变化也越来越快。为了保证餐饮企业的长久、持续发展，在规划与设计厨房时，还应考虑餐饮企业的中、长期规划和餐饮产品的发展新趋势，在设备的配备和选用及场地的安排上应有一定的前瞻性，注意适度超前和留有一定的场地间隙，以方便日后根据经营形势要求而进行调整。

5. 厨房力求靠近餐厅并且各作业点尽量处于同一层

厨房与餐厅越近，前后台的联系和沟通就越便利，出品的节奏、速度就越便于控制，菜品的质量就越能达到规定要求，传菜员的劳动强度就越轻。厨房与餐厅争取长边相连，缩短从厨房到餐桌的服务距离。

厨房的各加工点，应集中、紧凑，尽可能在同一楼层、同一区域。厨房与餐厅如存在高低落差时，应采用斜坡处理，避免以楼梯踏步连接餐厅，并有明显标志和防滑措施，以引人注意。

五、确定厨房面积的要素与方法

（一）影响确定厨房面积的要素

厨房面积的大小对餐饮企业厨房生产是至关重要的，它影响到工作效率和工作质量。在确定厨房面积时，必须考虑酒店的实际情况和可能影响厨房面积的因素。

1. 餐厅菜肴的类型

餐厅菜肴销售类型对厨房面积要求不一，例如，经营中餐菜品、西式正餐菜品、西式快餐菜品、中式面点等不同餐点的餐厅，它们所需的厨房设备和用具不同，对厨房面积的要求必然不同。

2. 厨房的生产量

座位数多，就餐时间内人数多，厨房的生产量就大，用具设备、员工等都要多，厨房面积就要大些。

3. 原材料的净化度

厨房使用半成品、成品原料越多，原材料的净化度越高，加工环节就越少，厨房占地面积自然缩小。

4. 设备的先进程度

设备先进不仅能提高工作效率，而且功能全面的设备可以节省不少场地。如使用冷柜切配工作台，集冷柜与工作台于一身，可节省不少厨房面积。

5. 空间的利用率

若厨房高度足够，且方便安装吊柜等设备，可以配置高身设备或操作台，这样在平面用地上就有很大节省空间。

6. 厨房场地形态

厨房地面平整规则，且空间无隔断、立柱等障碍，为厨房合理、综合设计和设备布局提供了方便，为节省厨房面积亦提供了可能条件。

7. 厨房辅助设施状况

员工更衣室、员工食堂、员工休息间、办公室、仓库、卫生间等，在厨房之外大多已有安排，厨房面积可充分节省，否则厨房面积需要大幅增加。辅助设施还有煤气表房、液化气罐房、油库、餐具库等。

（二）厨房整体面积确定的方法

1. 按餐饮总面积比例计算厨房面积

厨房的面积在整个餐饮面积中应有一个合适的比例，各部门的面积分配应做到相对合理。一般情况下，厨房的生产面积占整个餐饮总面积的21%，仓库占8%。需要指出的是，餐饮面积是包含员工设施、仓库等辅助设施的。在市场货源供应充足的情况下，厨房仓库的面积可相应缩小一些，厨房的生产面积可适当增大一些。各部门面积比例见表2-1。

表2-1　各部门面积比例表

各部门名称	所占的百分比（%）	各部门名称	所占的百分比（%）
餐厅	50	员工设施	4
客用设施	7.5	办公设施	2
厨房	21	清洗设施	7.5
仓库（冷冻、冷藏）	8		

2. 按餐位数计算厨房面积

不同服务类型的餐厅由于餐饮档次、顾客就餐特点、菜单内容不同，厨房面积的计算标准也有所差异。按餐位数计算厨房面积要与餐厅经营方式结合进行。不同类型餐厅餐位数所对应的厨房面积对照表见表2-2。

表2-2　不同类型餐厅餐位数所对应的厨房面积对照表

餐 厅 类 型	烹调厨房面积（m^2/ 餐位）	后场总面积（m^2/ 餐位）
自助餐厅	0.3～0.4	
咖啡厅	0.1～0.2	0.4～0.6
正餐厅	0.4～0.5	

3. 按餐厅面积来计算厨房面积

中餐厨房由于承担的加工任务重，制作工艺复杂，机械加工程度低，设备配套性不高，生产人员多，故厨房与餐厅的面积比例一般在20%～31%。随着餐厅面积的增大，厨房占餐厅面积比例在缩小。厨房面积占餐厅面积比例见表2-3。

表2-3　厨房面积占餐厅面积比例

餐厅净面积（m^2）	厨房面积（m^2）	餐厅净面积（m^2）	厨房面积（m^2）
1 500 以下	餐厅净面积 ×31% 以上	2 001～2 500	餐厅净面积 ×23%+185 以上
1 501～2 000	餐厅净面积 ×27%+45 以上	2 501 以上	餐厅净面积 ×20%+227 以上

单元二　现代厨房作业间规划布局

餐饮经营的业态多种多样，与其对应的厨房，既有功能纯粹的单体厨房，也有功能较多的整体厨房。整体厨房涵盖小厨房，小厨房即是我们平常讲的作业间。厨房作业间是指厨房中具体操作加工的工作场所或生产区域，是不同工种相对集中、合一的作业场所。

一、初加工厨房规划布局

初加工厨房是相对于其他烹调厨房而言的。初加工厨房主要按照企业标准负责原料的申领、宰杀、洗涤、涨发等加工，以及进行一定的半成品加工。因此统一规划设计初加工厨房很有必要。初加工厨房规划布局样图如图2-7所示。

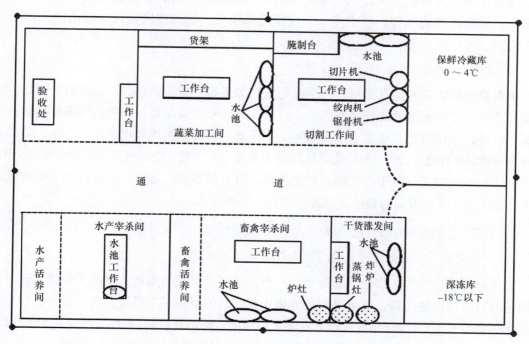

图2-7　初加工厨房规划布局样图

（一）集中规划布局加工厨房的优点

1. 集中原料申购、申领，有利于对原料使用情况进行控制

厨房加工集中以后，先由各烹调厨房根据顾客预订或零卖的销售量，定时向加工厨房预订次日（或下一餐）所需要的加工净料；再由加工厨房将各烹调厨房所订的原料进行汇总，统一向采供部门和仓储部门申购或申领原料。这样做不仅简化了每个厨房直接向采购和仓储部门订领货所需的烦琐手续，节省了相应的劳动，更重要的是方便厨房管理者对原料的订领进行集中审核，更有利于对原料的补充和使用情况进行控制。

2. 有利于统一加工规格标准，为稳定出品质量提供条件

每位加工厨师都明确并掌握本餐饮企业各种原料的加工规格。在日常的生产操作中严格

按照加工规格加工，再辅之以督导检查。这样可以保证各餐厅出品的同类菜肴都能做到刀工处理一致，规格统一，为稳定和提高餐饮企业出品质量创造了基础条件。

3. 有利于原料综合利用和进行准确的成本控制

加工集中以后，将原来各烹调厨房直接订货，变成集中在加工厨房统一订货。这样，各厨房原本难免出现的高价、高规格订货现象，就可能因集中订购、统一进货得以避免，从而使餐饮企业减少购货成本支出。将各类加工原料按规定数量分装（有条件的餐饮企业可配备真空包装机对原料进行分装），注明加工时间，对各烹调厨房原料领用情况及时进行准确的计算，这将为餐饮成本控制提供准确而可靠的依据。

4. 有利于提高厨房员工的劳动效率

将餐饮企业所有加工工作统一集中以后，加工厨房的人员相对固定地从事某几种原料的涨发、切割或浆腌工作，技术专一，设备用具集中，熟练程度提高，厨房的工作效率也随之提高。

5. 有利于厨房的垃圾清运和卫生管理

中餐厨房所购进的菜点原料，几乎都是未经加工的、鲜活完整的原始原料。例如，制作生炒仔鸡要从市场购进活的仔鸡回店加工；制作响油鳝糊要从市场购进活的黄鳝回店烫杀；等等。这样，不仅给企业增加了巨大的加工工作量，而且各类垃圾也会随之产生。如果各厨房分别进货，各自加工，整个厨房生产区域便会显得杂乱不洁，给厨房卫生管理带来巨大困难。集中加工以后，加工过程中产生的垃圾便会得到有效的控制。这样，不仅保证了厨房区域的卫生，也使卫生清洁方面的费用支出得到明显控制和降低。

（二）初加工厨房规划设计的要求

1. 应规划设计在靠近原料入口且便于垃圾清运的地方

加工厨房靠近原料入口处，靠近卸货平台，不仅可以减轻搬运货物的工作量，还可以减少搬运原料对场地的污染，更可以有效地防止验收后的原料丢失或被调包。另外，加工厨房每天会产生若干废弃垃圾，因此应设计在便于垃圾清运而不至影响、破坏餐饮企业的卫生环境。清运垃圾的通道不应与客流或净菜流通的道路交叉，以防止与客争道或交叉污染。

2. 应有足够的空间和加工设备来满足生产的需要

餐饮企业生产及经营网点越多，分布越广，加工厨房的规模越要大。为提高各种原料加工效率所必需的设备，也应如数配备。加工厨房在拥有足够的空间和设备条件下，应承担本企业所有加工工作，切不可因加工设备缺项或场地的狭小，导致烹调厨房区域从事加工工作。

3. 不同性质原料的加工场所要合理分隔，保证互不污染

不同性质的原料若互相混杂，不仅妨碍加工效率，而且原料一旦被污染，洗除异味也相当困难。即使是洗净的加工原料，若不严格分类摆放，也会产生污染。因此，对不同性质原料的作业区域进行固定分工，才可能保证加工原料质量。同在加工厨房加工的原料，要特别注意水产宰杀给时鲜果蔬带来的腥味污染，更要防止禽畜宰杀的羽毛给其他原料造成污染。

4. 加工厨房要有足够的冷藏设施和相应的加热设备

加工厨房作为备用原料和加工后原料的贮存及周转场所，设计足够的冷藏库（含一定量的冷冻区域）是必要的。在一些大型餐饮活动之前，大量的加工原料必须及时放入冷库妥善保藏，以保证质量和烹调厨房的随时取用。另外，有些干货原料的涨发和鲜活原料的宰杀、褪毛需要进行热处理，因此，在加工厨房的合适位置设计配备明火加热设备也是十分必要的。

二、烹调出品厨房规划布局

烹调出品厨房依据标准菜谱，将主料、配料和小料进行合理配伍，并在适当的时间内烹制出符合风味要求的成品，再将成品在尽可能短的时间内服务于顾客，其厨房的规划布局的好坏直接影响服务质量，因此，出品烹调厨房的规划布局必须慎重，应遵循以下五个要求。图 2-8 为某酒店烹调出品厨房烹调区域，图 2-9 为烹调出品厨房规划布局样图。

图 2-8　某酒店烹调出品厨房烹调区域

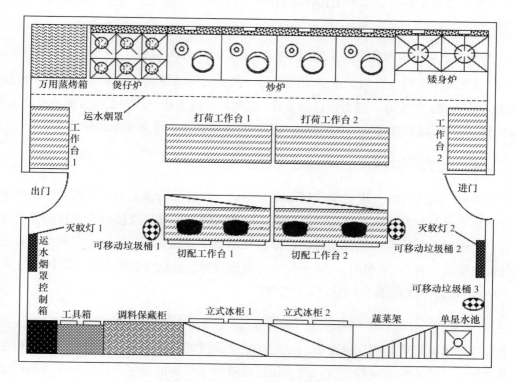

图 2-9　烹调出品厨房规划布局样图

1. 烹调出品厨房与相应餐厅尽量在同一楼层

为了保证烹调厨房的出品及时，并符合应有的色、香、味等质量要求，烹调厨房应紧靠与其相对应的餐厅，以保证传菜的效率和安全。有些餐饮企业受到场地或建筑结构、格局的限制，烹调厨房与餐厅不在同一楼层，因此必须考虑建设方便、快捷的无障碍菜品传递通道。

2. 烹调出品厨房必须有足够的冷藏设备

没有安装空调或通风设备的烹调厨房，其温度一般在 25 ～ 34℃。这个温度有利于微生物的生长繁殖。因此，烹调厨房内用于配份的原料需随时在冷藏设备中存放，这样才能保证原料的质量和出品的安全。开餐间隙期间和晚餐结束后，调料、汤汁、原料、半成品和成品，均需就近低温保藏。所以，设计配备足够的冷藏设备是必要的。

3. 烹调出品厨房必须有足够的加热设备

烹调出品厨房承担着对应餐厅各类菜肴的烹调制作，因此，除了配备与餐饮规模、餐厅经营风味相适应的炒炉外（炒炉若配备不够，将直接影响出菜速度），还应配备一定数量的蒸、炸、煎、烤、炖等设备，以满足出品需要。

4. 环境设计要合理，保证排烟顺畅

开餐时烹调出品厨房会产生大量的油烟、蒸汽，如不及时排出，则会在厨房内徘徊，甚至倒流进入餐厅，影响客人的就餐环境。因此在炉灶、蒸箱、蒸锅、烤箱等产生油烟和蒸汽设备的上方，必须配备一定功率的抽排烟设施，以创造良好的生产环境，提高生产效率，控制出品质量。

5. 切配与烹调岗位原料传递要顺畅

切配与烹调应在同一开阔的工作间内进行，两者之间的距离不可太远，以缩短传递的距离，避免工人劳累。对于客人提前预订的菜肴，切配后应放置在一定的工作台面或台架上待炒。不可将已配份的所有菜肴均转搁在烹调出菜台（打荷台）上，以免出菜次序混乱。

三、冷菜出品厨房规划设计

冷菜厨房一般由两部分组成：一是冷菜及烧烤、卤制品的加工制作场所，二是冷菜及烧烤、卤制品成品的装盘、出品场所。由于进入冷菜间的成品都是直接用于销售的熟食或虽为生料但已经过泡洗、腌渍等烹饪处理，已符合食用要求的成品，所以，冷菜间的设计必须执行相关管理规范。图 2-10 和图 2-11 分别为冷菜出品厨房和烧烤卤味厨房的规划布局样图。

冷菜出品厨房规划设计应满足以下四个要求。

1. 紧靠备餐间，为出品创造便捷的条件

缩短冷菜出品厨房与餐厅的距离，是提高上菜速度的有效措施。冷菜出品厨房应尽量设计在靠近餐厅、紧邻备餐间的地方。为了保证冷菜出品厨房的卫生，应减少非冷菜间工作人员进入；同时为了方便冷菜的出品，减少碰撞，冷菜出品应设计有专门的窗口和平台。

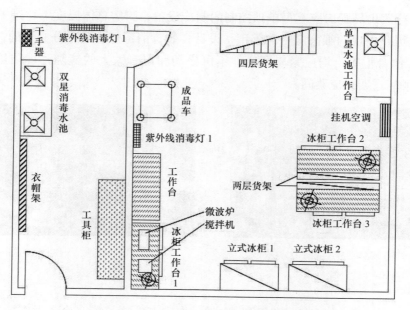

图 2-10　冷菜出品厨房规划布局样图

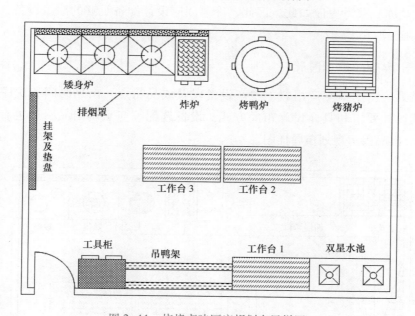

图 2-11　烧烤卤味厨房规划布局样图

2．具备两道门与两次更衣条件

根据相关行业规范，厨房员工进入冷菜间生产操作区内必须两次更衣。因此，在对冷菜出品厨房设计时，应采取两道门（并随时保持关闭）防护措施。员工在进入第一道门后，经过洗手、消毒、穿着洁净的工作服，方可进入第二道门，从事冷菜的切配、装盘等工作。某酒店冷菜间二次更衣区域如图 2-12 所示。

3．设计成低温、恒温、消毒、防鼠、防虫的工作环境

进入冷菜出品厨房的成品都是可直接享用的菜点，直接用于销售，常温下存放极易腐败

变质。因此，冷菜出品厨房应有可单独控制的制冷设备，厨房总体温度不超过 15℃。同时，为了防止冷菜可能出现的细菌滋生和繁殖，设计、装置消毒灯也是十分必要的；冷菜出品厨房的门窗、工作台柜等，均应紧凑严密，不可松动和留有太大的缝隙，以防鼠虫等污染。图 2-13 为某酒店透明式凉菜间。

图 2-12　某酒店冷菜间二次更衣区域

图 2-13　某酒店透明式冷菜间

4. 冷藏设备务必配备充足

待装盘的成品冷菜，或消过毒的净生原料，均应在冷藏冰箱或冷藏工作柜内存放，有些成品类（如水晶冻）菜肴更应如此。因此，冷菜间应设计配备足够的冷藏设备，以使各类冷菜分别存放，随时取用。

四、面点出品厨房规划设计

面点出品厨房由于其生产用料、生产设备以及成品特点、出品时间和次序与菜肴有明显不同，故其设计要求和具体设计布局方式、设备选配等与烹调出品厨房也有很大区别。图 2-14 为面点出品厨房规划布局样图。

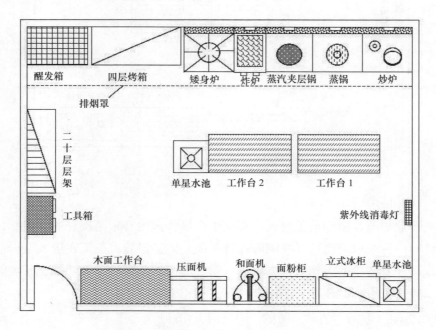
图 2-14　面点出品厨房规划布局样图

面点出品厨房规划布局要遵循以下四个要求。

1. 面点出品厨房应单独设立

面点生产量很大的餐饮企业，应单独设立面点出品厨房。这样既解决了其他厨房的水、油及其他用具对面点原料、场地的干扰、污染问题，又便于面点生产人员集中精力生产制作更加美味的成品。此外，独立的面食、点心厨房也便于对红、白案设备进行维护与保养，有助于明确、细化卫生责任。

2. 要配有足够的面点加工设备

面点成品多由煎、蒸、烤、炸等烹调方法熟制而成，因为这些烹调方法最能保持成品的造型和花纹，因此必须配备足够的煎、蒸、炸、烤等设备。同时，由于面点制作过程需要和面、搅拌、压面等工序，因此必须配备相应的木面或大理石、云石面工作台。面点出品厨房大多还承担餐饮企业米饭、粥类菜点的蒸煮，蒸、煮饭、粥用的蒸箱、蒸饭车或蒸汽锅自然也是不可或缺的。图2-15为某酒店面点厨房。

图 2-15　某酒店面点厨房

3. 抽排油烟、蒸汽效果要好

面点厨房由于烤、炸、煎类品种占有很大比例，产生的油烟较多。而蒸制的面点品种更多，因此需要抽排的蒸汽量相当大。所以，必须配备足够功率的抽排油烟、蒸汽设备，以保持室内空气清新。

4. 方便出品沟通，易于监控、督查

无论是零点，还是宴会，餐厅往往会以通知或订单的形式将订购信息传递至厨房，厨房收到信息后开始独立生产制作。而对于具体何时制熟、何时出品，餐厅常常不是很清楚。若是在开餐繁忙时段，传菜员有时忘记通知，难免会出现菜点出品断档的现象。因此，在设计面点出品厨房时，应考虑相对独立或单独分隔的面点厨房与备餐间、烹调厨房之间的有机联系。比如，面点间的门开在烹调厨房打荷的对面或紧挨着备餐间，以方便沟通等。另外，为方便管理，防止面点厨房出现安全隐患或其他违纪现象，独立分隔的面点间还应安装大型玻璃门窗，减少管理的死角和盲区。

五、展示出品厨房规划布局

展示出品厨房的主要作用是将厨房工作部分地被转移到餐厅，采用全景或局部透明的方式把烹调过程展示给顾客看，其具体表现形式通常有餐厅煲汤、餐厅焯时蔬、餐厅（包括自

助餐厅）布置操作台现场表演、制作菜点等。

（一）展示出品厨房的类别

1. 中心式全景透明厨房

中心式全景透明厨房设置在餐厅的中心位置，采用透明材料分隔厨房与餐厅区域，中心厨房没有任何遮掩，顾客可以在厨房以外的任何位置观看厨房员工的烹调过程。客人在这里可以得到一种全新的体验。图 2-16 为某餐饮企业中心式全景透明厨房。

图 2-16　某餐饮企业中心式全景透明厨房

2. 局部透明厨房

局部透明厨房具有一般厨房的功能，但其显著的特点、更着重考虑的因素是操作过程可视化。常见的局部透明厨房有以下四种：

（1）视频式明档。酒店利用视频将厨师的工作环境、操作过程等展示给就餐的客人。对厨师来讲，自己犹如厨房里的演员；对客人来说，就像欣赏一场厨艺表演。

（2）烹调进餐厅。有的酒店为了给客人营造一种新奇感，将操作台、煲菜柜、凉菜档、配餐车搬进餐厅。厨师当着客人的面现场制作，不时征询客人的意见，有利于提高菜品和服务的质量。

（3）铁板烧布局。日餐"铁板烧"是在餐厅当中现场表演的，大堂内摆开"铁板烧"柜，客人围坐，随点随烹。在就餐前，厨师进行一番工具表演，然后，边操作边表演，很是吸引眼球。

（4）食物展示式。此种布局能改变经营方式，增加客人选择的机会。比如，展示菜肴、新鲜原料，展示印度抛饼、拉面、削面的制作等。

（二）展示出品厨房的作用

1. 现场服务便于控制出品数量

一般情况下，厨房出品越多，意味着销售越旺，餐饮企业受益越多。而在标准既定的自助餐销售中，此情况并不尽然。对于已经确定标准的自助餐而言，菜点品种数量是有一定比例的。既要有足够的、不同类别的普通菜点供客人各取所需，又要有一定数量的消费者公认的高档菜点以吸引顾客，给顾客物有所值的回报，还要考虑餐饮企业应得的经济效益和客人对高档菜点取食的平衡性。因此，在自助餐开餐服务期间，对计划内出品的、可能引起客人普遍需求的菜点，要进行有技巧的服务，以起到尽可能满足客人需要而又不使成本超限的效果。在餐厅设档采取现场制作、现场分派的方式，让需要同类菜点的客人自觉排队，依次限量服务，是达到上述目的有效而不失体面的做法。

2. 表演烹调技艺，弘扬饮食文化

展示厨房将习惯上只在厨房区域制作的工艺，尤其是后期熟制成品阶段的工艺，转移到餐厅，在顾客面前现场制作。这不仅让消费者直观地了解了自己所需产品的制作工艺，更增添了其用餐情趣，强化其消费感受。顾客更加全面细致地了解、认识产品，更加形象、立体地记忆产品，可使烹饪技艺在尽可能广的范围内得以弘扬光大。对营销角度来说，展示烹调技艺更为企业做了广泛的宣传。图 2-17 为某酒店餐厅员工现场表演印度飞饼制作。

图 2-17　某酒店餐厅员工现场表演印度飞饼制作

3. 可营造、烘托、渲染餐厅气氛

餐厅的装修档次、色调、风格多已固定，对经常光顾的客人已无新鲜感可言。因此，在餐厅陈列热食明档、现场制作菜点的操作台，为客人提供风味美食，不仅可以使客人更加形象、直观地观赏到自己所需风味菜点的制作过程，还可以增添用餐的情趣。客人进食、交际的内涵在扩大，话题在增多，用餐的综合效果自然更好。

4. 让顾客能更加直观方便地选用菜点

客人的生活习惯不同、用餐经历不同，对菜点的成品质量要求也不尽相同。餐厅设档，现场制作，客人既可通过服务员即刻转达对菜点的要求，又可以在观赏现场制作的同时，直接向现场制作的厨师提出具体要求，如早餐时段餐厅提供煎蛋，煎蛋的数量是一只还是两只；单面煎还是双面煎；加盐、放糖，还是原味煎蛋，等等，都可以通过及时沟通，从而减少失误。

5. 吸引顾客注意力，提高产品销售量

餐厅设档、现场制作，在渲染气氛的同时，更能吸引就餐顾客的注意力。玲珑精美、色形诱人、香气四溢的菜点很快就能激起客人的购买欲望，将为现场制作产品打开销路。产品自身的优势和魅力，将在后续消费中发挥更大的作用。

（三）展示出品厨房规划设计要求

展示出品厨房由于其位置和作用的特殊性，导致设计要求也与普通厨房明显不同。

1. 设计要整齐美观，进行无后台化处理

展示出品厨房的生产制作人员要保持卫生整洁、着装规范、操作熟练，厨房的设计同样要做到整齐别致，起到美化餐厅的作用。展示出品厨房虽然与厨房烹制、切割一样，需要一系列刀具、用具，会出现零乱现象，会有垃圾产生，但在设计时应力求完美，将不太雅观的操作及器皿进行适当遮挡，使展示出品厨房既便于操作，功能全、流程顺，又不破坏餐厅的格调气氛，不碍观瞻。图 2-18 为某餐饮企业展示出品厨房的展示区域。

图 2-18　某餐饮企业展示出品厨房的展示区域

2. 加强安全防护，提高观赏效果

展示出品厨房的设计不可忽视安全因素。在餐厅生产、在顾客面前操作，不仅要注意生产人员的安全，更要注意操作台附近观赏客人的安全。在设计规划展示出品厨房时，应考虑此因素，避免出现溅烫、粘油等危害顾客安全的现象。操作台应设计得便于客人观赏，尽量将关键、精彩的操作场面充分展现在客人的视线范围内。操作演示的正面应面向大多数顾客，尽可能使用餐的客人想观赏时都有所见，想离席观赏时进出通道方便。

3. 避免烹饪生产的不良因素扰客

在餐厅的明档或操作台上，无论是煎蛋、煎饺，还是烙饼、煮面条、氽活虾，都要在设计时充分考虑油烟、蒸汽和噪声的处理问题。创造和保持良好的就餐环境是前提。因此，在明档或操作台的上方应设有抽排油烟设备。在餐厅现场操作加热设备时，要避免选用噪声大的器具，防止噪声破坏餐厅用餐气氛。

4. 菜品相对集中，方便服务顾客

展示出品厨房在选择设备位置时，除了考虑醒目、便于顾客观赏、方便抽排油烟等因素外，还要尽可能将设备安排在方便服务客人的地方。在自助餐厅设置展示厨房，应考虑尽量靠近菜点餐台，方便顾客在拿取自助菜点的同时，点用或顺便选取展示菜点，缩短客人的取菜距离，减少餐厅的人流。

六、厨房相关及辅助设施规划布局

厨房相关设施主要是指为了保证厨房生产顺利进行而必须与之配套、关系密切的备餐间、洗碗间等。

1. 备餐间规划设计

备餐间是配备开餐用品，创造顺利开餐条件的场所。其设计要求如下：

（1）位置要求。备餐间应设计在厨房与餐厅的过渡地带。

（2）分隔要求。厨房与餐厅之间应采用双门分隔。

（3）空间设备要求。备餐间应配有足够的设备，空间要充足。

2. 洗碗间的规划设计

洗碗间虽然不直接隶属厨房管理，但通常都统一规划在厨房区域。其原因有二：一是洗碗间属餐饮后台，均需用水、用电、用气，而且设备的供应商大多相同；二是洗碗间除了承担餐具的洗涤、消毒工作外，还负责厨房地面等餐饮后台及生产区域的卫生清洁工作。图 2-19 是某酒店洗碗间一角。

图 2-19 某酒店洗碗间一角

洗碗间的设计要求如下：

（1）位置要求。洗碗间应靠近餐厅、厨房，并力求与餐厅在同一楼层。

（2）设施要求。洗碗间应配有可靠的消毒设施。

（3）环境要求。洗碗间应具有良好的通风、排风设施。

单元三 现代厨房整体环境规划布局

厨房整体环境设计的好坏直接影响厨房员工的工作情绪和身心健康，优美舒适的工作环境有利于调动员工的工作热情，提高劳动效率；反之，则会使员工心情压抑，情绪低落，影响工作速度和质量，甚至给安全生产带来隐患。

一、厨房空间高度规划设计

厨房的高度一般应在 3.7～4.3 米，吊顶后厨房的净高度以 3.3～3.6 米为宜。这样的高度便于清扫，有利于空气流通，对厨房安装抽油烟机也较适合。厨房过高会使建筑、装修、清扫、维修费用增大。厨房过低则会使员工产生压抑感，同时透气性差，散热差，气味大。

二、厨房进水与排水规划设计

1. 厨房进水

厨房中用水较多，给水系统相当关键。通常来说，给水系统中的水源主要分为两种。一是生活用水，此水源是厨房中的主要水源，适用于生产中的一切用水，在厨房设计布局中又可以分为冷水和热水；二是中水，指生活用水和部分生产用水产生的废水，如经过处理的洗脸水、洗澡水等，此类水源只能用于冲洗厨房地面、厕所，以及中央空调系统的冷却水等。大型餐饮企业应重视对中水的利用，因为大型餐饮企业的生活废水量大，厨房冲洗的用水量也大，合理使用中水无论是从经济效益还是社会效益考量都是比较有益的。

2. 厨房排水

厨房排水系统要能满足生产中最大排水量的需要，并做到及时排放。厨房排水可采用明沟与暗沟两种方式。明沟是目前大多数厨房普遍采用的一种方式。其优点是便于排水、冲洗，有效防止堵塞；缺点是一旦处理不好便会滋生鼠害，导致厨房地面不平整，造成厨房设备摆放困难。

厨房明沟应尽量采用不锈钢板铺设而成，底部与两侧均采用弧形处理，水沟的深度在20厘米左右，坡度应保持在3°左右；明沟宽度在30厘米左右，盖板可采用防锈铸铁板，亦可采用不锈钢，呈细格栅形。排水沟出水处应安装网眼小于1厘米的金属网，防止鼠虫和小动物的侵入。

暗沟的地漏直径不宜小于150毫米，径流面积不宜大于25平方米，径流距离不宜大于6米。采用暗沟排水，厨房显得更为平整、光洁，易于摆放设备，无须担心排水沟有异味排出，但如果管理不善，造成管道堵塞，疏浚工作则相当困难。

三、厨房地面与天面规划设计

1. 厨房地面

厨房的地面通常要求耐磨、耐重压、耐高温和耐腐蚀，因此，厨房的地面处理有别于一般建筑地面处理。厨房的地面应选用大中小三层碎石浇制而成，且地面要夯实。如果地面铺设地砖，水泥地必须是毛坯地。厨房的地面既要做到平整，又要有一定的坡度，以防积水，坡度一般为1°～2°。地面和墙体的交接处应采用圆角处理。圆角处理的优点是无积水、无杂物污垢积存，用水冲洗地面时，四周角落的脏物都极易被冲出。厨房的地面还需在原有的基础上进行防水处理，否则易造成污水渗漏。

2. 厨房天面

厨房的天面可采用防火、防潮、防滴水的石棉纤维或轻钢龙骨进行吊顶处理，最好不要使用涂料。天花板也应力求平整，不应有裂缝。暴露的管道、电线容易积污积尘，甚至滋生蚊虫，不利于清洁卫生，要尽量遮盖。吊顶时要考虑到排风设备的安装，留出适当的位置，防止重复劳动和材料浪费。

四、厨房照明与电路规划设计

1. 厨房照明

厨房光线不足容易使人产生疲劳感；足够的光亮不会使员工产生视觉疲劳，还会增加操作的安全系数。照明设计应考虑光的方向、颜色、覆盖面和强度。另外，光的稳定性要好，要有灯光保护罩，保证作业区能看清楚菜点，同时颜色不失真，无阴影。厨房照明应达到每平方米 10 瓦以上，主要操作台、烹调作业区的照明更要加强。

2. 厨房电路

在设计厨房电路时，应考虑厨房高温、多油、潮湿的特征。对于经过厨房的电线，除应采取防潮、防漏电、防热、防机械磨损等措施外，还须在每台设备附近安装安全装置加以控制。厨房电缆的负荷必须足以维持冷冻冷藏设备、照明及事故照明设备、主要通风装置和排水设备的运转。

五、厨房送风与排风规划设计

良好的通风条件是对工作区域的基本要求，厨房工作本身会产生大量的油烟和各种气味，为保证厨师的身体健康，必须使厨房污浊的空气及时得到更换。随着科学技术的发展和厨房工作条件的改善，厨房通风应该包括两个方面，即送风和排风。

1. 送风

送风分为全面送风和局部送风两部分。全面送风就是利用送风管直接将经过处理的新风送至厨房，并在厨房的各个工作点上方设置送风口，又叫岗位送风。局部送风就是利用小型空调器对较小空间的厨房进行送风。例如，冷菜间利用壁挂式空调进行送风降温。也有的厨房空间较大，采用柜式空调机来达到送风降温的目的。

2. 排风

厨房的排风分为全面排风和局部排风。全面排风是利用空调系统的装置对厨房内空气进行处理，使厨房的湿度、温度、空气的新鲜度、空气的流通速度都控制在一定的指标内。局部排风。局部排风是指在厨房的主要加热设备上方安置排风设备以及在厨房的墙体上安置排风扇等，以达到局部排风的目的。

（1）厨房排风量计算。实践证明，每小时换气 45～55 次可使厨房保持良好的通风环境。准确地计算排风量是保证厨房达到理想换气次数的前提。

计算排风量通常可采用如下公式

$$CMH = V \times AC$$

式中，CMH 是每小时所排出的空气体积量，V 是空气体积，AC 是每小时需换气次数。

例：某厨房长约 18 米，宽约 9 米，高约 3.5 米，则

$$长 \times 宽 \times 高 = 厨房的空气体积$$

$$厨房的空气体积 = 长 \times 宽 \times 高 = 18 米 \times 9 米 \times 3.5 米 = 567 立方米$$

若该厨房需要每小时换气 48 次，其排风量为

$$CMH = V \times AC = 567 立方米 / 次 \times 48 次 / 小时 = 27\ 216 立方米 / 小时$$

通过计算排风量，可以帮助厨房设计人员合理选择排风设备，确定配备数量，既节省资金又有效果。

（2）排油烟罩和排气罩。大部分烹调厨房即使装有机械通风系统，仍不足以排出厨房烹调时所产生的油烟、蒸汽，因而还必须为炉灶、油炸锅、汤锅、蒸箱、烤炉等设备安装排油烟罩或排气罩，将这些加热设备工作时产生的不良气体及时排出厨房。

排油烟罩的种类较多，以运水烟罩较为先进和方便，它具有自动控制、安全防火、散热降温等功能，较好地解决了空气污染等问题。滤网式烟罩结构简单，比较经济，这种烟罩的缺点是油污容易吸附在过滤网及其管壁上，给清洁带来很大的麻烦，也不太安全。因此，滤网式烟罩最好是以排气为主，在炒灶上方的排烟罩最好选用运水烟罩。不同烟罩的投资和性能有较大的差别，应注意区别选配。排油烟罩应选用不锈钢材料制作，表面光滑无死角、易冲洗，罩口要比灶台宽 0.25 米，一般罩口风速应大于 0.75 米／秒；排气管上出口附有自动挡板，以免停止工作时有蚊、蝇等昆虫进入。

六、厨房通道与墙面规划设计

1. 厨房通道

厨房的通道是保障厨房正常生产和物流畅通的重要条件。厨房通道宽度一般不得小于 1 米，而且内部通道不应有台阶，最小宽度可见表 2-4。

表 2-4　厨房通道最小宽度

走 道 名 称	通 道 处 所	最小宽度（厘米）
工作走道	1 人操作	70
	2 人背向操作	150
通行走道	2 人平行通道	120
	1 人和 1 辆车并行通道	60 + 推车宽
多用走道	1 人操作，背后过 1 人	120
	2 人操作，中间过 1 人	180
	2 人操作，中间过 1 辆推车	120 + 推车宽

2. 厨房墙面

厨房内的空气湿度大，因此，它的墙面应该选用耐潮、不吸油、不吸水、便于清洁的材料。厨房墙壁应力求平整光洁，没有裂缝，没有凹凸，没有暴露的管道。酒店餐馆的厨房墙壁必须全部用瓷砖贴面。

七、厨房门窗与噪声规划设计

1. 厨房门窗

厨房的门要便于物品、员工、原料、菜点的进出，同时应能达到通风和采光的效果。厨房的门窗最好选用铝合金或塑料的材质，既轻便结实，又便于清洁，且不易损坏。此外，厨房应设置纱门、纱窗，以防蟑螂、苍蝇、蚊子等侵入。

2. 厨房噪声

厨房内噪声的来源有这样几个途径：炉具、送排风等设备运行，餐具器皿碰撞，加工操作，以及人员交谈等。针对以上来源，有以下几个减少厨房噪声的方法。

（1）选用先进的厨房设备，可以从根本上减少噪声。

（2）选用石棉纤维吊顶，这种材料既可吸音又可防火。

（3）尽量将噪声量高的机器及工序集中在一起，并与其他工作区隔离，以减少对整体工作环境的影响。

（4）定期对通风设备、餐车、运货车等进行保养，减少因老化或故障产生的噪声。

（5）厨房人员交流时注意控制音量。

（6）在进行厨房设计时，不要安排得太紧凑，同样的噪声在较大的空间里要比在较小的空间里显得小。

八、厨房温度与湿度规划设计

1. 厨房的温度

绝大多数餐饮企业的厨房温度过高。在闷热的环境中工作，不仅员工的工作情绪受到影响，工作效率也会变得低下。在厨房安装空调系统可以有效降低厨房温度。在没有安装空调系统的厨房里，也有许多方法可以适当降低厨房温度，例如：

（1）在加热设备的上方安装排风扇或排油烟机。

（2）对蒸汽管道和热水管道进行隔热处理。

（3）将散热设备设置在通风较好的地方，生产中及时关闭不用的加热设备。

（4）尽量避免在同一时间、同一空间集中使用加热设备。

（5）可采用送风或排风系统降温。

2. 厨房的空气湿度

空气湿度是指空气中的水汽含量和湿润程度。相对湿度是指空气中水汽压与饱和水汽压的百分比。湿度过高易造成人体不适。厨房中的湿度过大或过小都是不利的。湿度过大，人会感到胸闷，有些菜点的原料也容易腐败变质，甚至半成品、成品质量也会受到影响。一般来说，厨房内的相对湿度不应超过 60%。

单元四　现代厨房设备选择与管理

厨房设备的选择是保证厨房正常生产的前提条件。设备的良好运行能够保证厨房生产的有序进行，还能在为企业创造效益的同时，有效防止设备维修成本的增加，保证企业实现可持续发展的目标。厨房设备管理就是整合相关资源，调动各方积极因素，采取相应措施，主动实施对厨房各类设备的选购、维护、保养，以保持和提高设备完好率，方便厨房生产运作。

一、厨房设备选择应考虑的七个因素

厨房设备先进、齐全是厨师们的愿望，也是生产高品质菜肴的有力保障。在选择厨房设备时应考虑以下七个因素。

1. 厨房的生产能力

在确定厨房设备的数量和型号时，最重要的考量因素是设备的生产能力。如果设备的生产能力与需求出现较大偏差，将无法满足销售的需要，甚至造成资源浪费。在确定设备的生

产能力时，应注意以下三个方面：

（1）预估在一定的用餐时间内，供应各式菜点的分量和数量。

（2）确定菜式的准备和加工程度、方式，明确需要加工和批量加工的菜式数量。

（3）设备的品牌、功能也是确定生产能力的参考因素。

2．设备的重要程度

选择一项设备时，应全面考虑它所发挥的作用或效用，要看它是否能够促进生产能力的提高，是否能够降低费用消耗，是否能够提高工作效率。

3．设备是否卫生安全

厨房环境及产品的食用性决定了选择厨房设备时必须充分考虑卫生安全因素。选择厨房设备时，还要在保证质量稳定的前提下，充分考虑厨师操作的安全性。选择厨房设备时，在卫生安全方面要考虑以下三点：

（1）设备表面应平滑，不能有破损与裂痕，且接缝与角落处易清洁。

（2）与菜点接触的区域必须采用无吸附性、无毒、无臭材料制造，不应影响菜点安全和清洁剂的使用。

（3）有毒金属如镉、铅或此类材料的合金均会影响菜点的安全和质量，厨房设备要绝对禁用，劣质塑料材料同样不可采用。

4．费用支出量

厨房购买某一设备，不光要支付设备费用，还要支付相关的安装费、保险费、保养费、维修费、运行费和管理费等。一般来讲，可以使用下面的公式来计算一项厨房设备的购买价值：

$$H=[L\times(A+B)]\div[C+L\times(D+E+F)-G]$$

式中，H 表示计算得出的设备价值；L 表示以年为单位的设备使用寿命；A 表示每年节省下来的人力价值；B 表示每年节省的原料价值；C 表示购买设备及安装的费用；D 表示设备每年的使用费用；E 表示设备每年的维修保养费用；F 表示因购买设备而失去的利润损失费用；G 表示按使用寿命计算的设备回报率。

如果 H 的值大于 1.0，表明该设备值得购买。H 的值越大，表明购买该设备就越划算。另外，在计算价值时，必须对设备的使用寿命进行估算，通常厨房设备的使用年限是 9～15 年。

5．设备应实用、便利

选配厨房设备时不应只注重外观新颖或功能特别全面，而要考虑餐饮企业厨房的实际需要。设备应简单并可有效发挥其功能。选购厨房设备时首先应考虑满足厨房生产的需要，然后要考虑是否适应本餐饮企业的各种条件。

6．设备使用的材质

为避免产生卫生死角，打扫厨房卫生时需要移动设备，此外，清洁剂的使用还会造成设备腐蚀，因此在选择设备时要考虑设备材质的可靠性，即耐用性和牢固程度。应选择经久耐用、耐磨损、抗压、抗腐蚀的设备。现代厨房设备大多采用不锈钢材质。厨房设备的机械部分也应考虑其耐用性和牢固程度，否则将会增加维护费用。

7. 售后服务情况

售后服务包括运送、安装、调试、使用技术指导、定期维护与保养等。

二、厨房菜点生产必备的六类设备

1. 加工设备

（1）蔬菜加工机。蔬菜加工机通常配有各种不同的切割用具，可以将蔬菜、瓜果等烹饪原料切成块、片、条、丝等各种形状，且切出的原料厚薄均匀，整齐一致。图2-20为蔬菜切割机。

（2）蔬菜削皮机。蔬菜削皮机用于去除土豆、胡萝卜、芋头、生姜等脆质根茎类蔬菜的外皮，采用的是离心旋转摩擦脱皮技术。图2-21为蔬菜去皮机。

图2-20　蔬菜切割机　　　　　　　　图2-21　蔬菜去皮机

（3）刨片机。刨片机采用齿轮传动装置，外壳为一体式不锈钢结构，维修、清洁极为方便，所使用的刀片为一次铸造成型，锐利耐用。切片机是切、刨肉片以及切脆性蔬菜片的专用工具。该机虽然只有一把刀，但可根据需要调节切刨厚度。切片机在厨房常用来切割各式冷肉、土豆、萝卜、藕片，尤其是刨切羊肉片，所切肉片大小、厚薄一致、省工省力，使用频率很高。图2-22为切片机。

（4）切碎机。切碎机能快速地对色拉、馅料、肉类等进行切碎和搅拌处理。不锈钢刀在高速旋转的同时，食物盆也在旋转，加工效率极高。食物盆及盆盖均可拆卸，便于设备清洗。该设备在加工、搅拌灌肠馅料、汉堡包料、各式点心馅料时十分便利。图2-23为切碎机。

图2-22　切片机　　　　　　　　　图2-23　切碎机

（5）锯骨机。锯骨机由不锈钢架、电动机、环形钢锯条、工作平钢板、厚宽度调节装置及外部不锈钢面组成，主要用于切割大块带骨肉类，例如火腿、猪大排、肋排、T骨牛排、西冷牛排、牛仔肋排、牛膝骨、猪脚及冷冻的大块牛肉、猪肉等菜点原料。图2-24为锯骨机。

（6）绞肉机。绞肉机是肉类处理中使用最为普遍的一种机器，主要利用不锈钢隔板和十字切刀的相互作用，将肉块切碎、绞细形成肉馅。该设备广泛应用于餐馆、饭堂、烧腊工厂等绞制肉糜之用。图 2-25 为绞肉机。

图 2-24　锯骨机

图 2-25　绞肉机

　　(7) 和面机。和面机主要用于原料的混合和搅拌，并能调节面团的吸水量，控制面团的韧性和可塑性等操作性能，因此，和面机又称调粉机或搅拌机。和面机广泛用于面包、饼干、糕点、面条等面点类食品的生产加工。图 2-26 为和面机。

　　(8) 多功能搅拌机。多功能搅拌机的结构与普通搅拌机相似，可以更换多种搅拌头，适用的搅拌原料范围更广。该设备可用于搅打蛋液、和面、拌馅等，也可用于打发奶油，具有多种用途。图 2-27 为多功能搅拌机。

图 2-26　和面机

图 2-27　多功能搅拌机

　　(9) 擀面机。擀面机又叫压面机，是用于水面团、油酥面团等双向反复擀制使其达到一定薄度要求的专用机械设备，具有擀制面皮厚薄均匀、成型标准、操作简便、省工省力等特点。图 2-28 为擀面机。

　　(10) 面包分块搓圆机。面包分块搓圆机将已经发酵成功的面团进行分块与搓圆，具有分块均匀、搓成的面包圆而光滑、操作简便、工效高、劳动强度小等特点。图 2-29 为面包分块搓圆机。

图 2-28　擀面机

图 2-29　面包分块搓圆机

2．冷冻、冷藏设备

（1）小型冷库。小型冷库用来冷却、冷藏或冷冻各种菜点，可保持菜点原有的营养成分、味道及色泽，防止菜点腐败变质。按冷库冷藏或冷冻温度的高低，可将其分为高温冷库（0～10℃）和低温冷库（−23～−18℃）。图2-30为小型冷库。

（2）卧式冰柜。厨房用的卧式冰柜使用方便，容量要比冷库小得多，柜内可以根据需要冷藏、冷冻食材或菜点，柜面可以作为操作台。卧式冰柜多为对开门，容积共有5种，分别为0.5立方米、1立方米、1.5立方米、2立方米和3立方米。按冷藏温度不同，卧式冰柜分为高温柜（−5～5℃）、低温柜（−18～−10℃）和结冻柜（−18℃以下）。图2-31为卧式冰柜。

图2-30　小型冷库　　　　　　　　图2-31　卧式冰柜

（3）立式冰柜。立式冰柜是餐饮企业厨房使用最广的冰柜，它由一个结冻室和一个（或几个）冷藏室组成，既可冷藏菜点又可对菜点进行冷冻，有些立式冰柜还有速冻功能。图2-32为立式冰柜。

（4）冷藏菜点陈列柜。冷藏菜点陈列柜实际上是冷藏电冰箱的一种，其特点是用特制玻璃作门，可看见内部的陈列菜点。有的陈列柜四周都用玻璃，并且内有可旋转的货架。冷藏菜点陈列柜一般放在酒吧、快餐厅等公共区域。图2-33为冷藏菜点陈列柜。

图2-32　立式冰柜　　　　　　　图2-33　冷藏菜点陈列柜

3．加热设备

（1）煤气炒炉。煤气炒炉是中餐厨师最常用的炉具，火焰大，温度高，特别适合煎、炒、溜、爆、炸等烹饪技法。具有两组煤气喷头的煤气炒炉称为双头炒炉，具有三组煤气喷头的煤气炒炉称为三头炒炉。此外还有四头炒炉等。图2-34为煤气炒炉。

（2）汤炉。汤炉又称平头炉，是专门炖煮汤料的炉具，分为双头汤炉和四头汤炉。由于汤锅（桶）较高，为便于操作，汤炉设计得比较矮，火力不很猛烈。图2-35为汤炉。

（3）炸炉。炸炉分为煤气油炸炉和电油炸炉，是专门制作油炸菜点的炉具，使用配套的油炸筛。使用炸炉时应特别注意控制油温，检查温控器是否正常工作。在炸制菜点时，操作人员不得离开现场；操作结束后，必须熄火或关闭电源后才能离开。图2-36为电油炸炉。

（4）蒸汽夹层锅。蒸汽夹层锅包括两只锅，其中一只小锅装菜点并套在另一只大锅中，蒸汽由管道送入大锅中，对小锅中的菜点进行加热，这种锅的体积较大。图 2-37 为蒸汽夹层锅。

图 2-34　煤气炒炉

图 2-35　汤炉

图 2-36　电油炸炉

图 2-37　蒸汽夹层锅

（5）蒸柜。蒸柜由柜体、柜门和进气管、出气管等部分组成。蒸柜的进气管上增加了均分器，可使进入柜中的蒸汽较均匀地分布于蒸柜的各个部位。采用拉环式压紧装置、径向可移动式门轴，可确保密封良好，内有蒸架，可一层一层地放置蒸盘。蒸柜根据特性可以分为海鲜蒸柜、蒸饭柜等。海鲜蒸柜主要用于蒸制各类菜品，蒸饭柜主要用于蒸制米饭。蒸汽来自锅炉房，由蒸汽管送入蒸柜；也可采用燃料加热蒸柜自带的水箱，由蒸柜自身产生蒸汽，并通过蒸柜阀门控制蒸汽量。图 2-38 为三门海鲜蒸柜。

（6）扒炉。扒炉又称铁扒炉，它利用铁条架或铁板导热。将生原料直接摆放在铁板上或串起放置在炉中加热，可使菜肴产生独特的香鲜味，经过扒炉制作的菜品，外脆里嫩，鲜香扑鼻。扒炉是各大酒店、中西餐馆厨房设备中必备的加热工具。扒炉按照使用的能源可分为燃气扒炉和电扒炉，最常用的是电扒炉，用来煎扒肉类、海鲜，煎蛋，炒面，炒饭等方便且卫生，因此得到广泛推广。图 2-39 为电扒炉。

图 2-38　三门海鲜蒸柜

图 2-39　电扒炉

（7）旋转电烤炉。旋转电烤炉又称电烤鸭炉，是一种用途广泛的电热设备。电烤炉利用电热元件发出的辐射热来烘烤各种烤类菜点，如制作烤鸡、烤鸭、烤排骨、烤叉烧等。电烤炉的特点是结构简单，使用和维修方便，价格相对便宜，且烘烤出的菜点表面焦黄，色香味俱佳。电烤炉一般都具有自动恒温、自动定时及选择上下火的功能。图 2-40 为旋转电烤炉。

（8）西式煤气平头炉。西式煤气平头炉又叫煲仔炉，主要由钢架结构、平头明火炉、暗火烤箱装置和煤气控制开关等构成。该炉有的还设有自动点火和温度控制等功能，具有热源强弱便于控制、使用方便、易于清洁等特点，是西餐烹饪中必不可少的基本加热设备。图 2-41 为西式煤气平头炉。

图 2-40　旋转电烤炉

图 2-41　西式煤气平头炉

4．洗涤设备

（1）洗碟机。洗碟机有多种类型，有单体小型洗碟机，也有水槽和废肴处理机结合在一起的组合式洗碟机。图 2-42 和图 2-43 分别是小型洗碟机和大型传输洗碟机。

图 2-42　小型洗碟机

图 2-43　大型传输洗碟机

（2）银器抛光机。银器抛光机的工作原理是，容器内的小钢珠与银餐具一起翻滚，借光滑的滚珠去除银餐具上的污斑，达到抛光的目的。图 2-44 为银器抛光机。

（3）高压喷射机。高压喷射机利用高速水流喷射物体表面，以达到清除污物的目的，常用于地面等有大量污物堆积的环境。图 2-45 为高压喷射机。

（4）餐具消毒机。常见的餐具消毒设备有蒸汽消毒柜和电子消毒柜两种。

1）蒸汽消毒柜。蒸汽消毒柜分为两种：一种是直接通过管道将锅炉蒸汽送入柜中进行消毒，没有其他加热部件，使用较方便，多被大型酒店所采用。第二种是电汽两用消毒柜，其消毒方式有两种：一种是将锅炉蒸汽用管道输送到消毒柜内直接消毒；另一种是在消毒柜底部安装电热管，通电后加热消毒柜自带的水箱，利用电热产生的蒸汽进行消毒。图 2-46 为消毒蒸饭车，是蒸汽消毒柜的一种。

2）电子消毒柜，也叫电热消毒柜、电子食具消毒柜，是集消毒、烘干、存储功能于一体的厨房电器。消毒柜的杀菌效果好，穿透力强，没有化学残留物，这是一般的高温消毒柜所无法达到的。而且消毒柜仿电冰箱式的柜门，比普通碗柜密封性强，有效地避免了消毒后的二次污染。图 2-47 为电子消毒柜。

图 2-44　银器抛光机

图 2-45　高压喷射机

图 2-46　消毒蒸饭车

图 2-47　电子消毒柜

5. 备餐设备

（1）电热开水器。电热开水器多为不锈钢制造，产品定型，结构紧凑，质量可靠，使用方便。大多电热开水器具有自动测温、控温、控水等功能，有些还具有缺水保护（发热管）装置。图 2-48 为电热开水器。

（2）全自动制冰机。全自动制冰机的工作原理是，当净水流入冰冻的倾斜冰板时，会逐渐冷却成冰膜，当冰膜凝结到一定厚度后，恒温器会将冰层滑到低压电线的纵横网络上，此网络将融解冰块，将冰层切成冰粒。这个步骤会不断重复，直至载冰盒装满冰粒为止，这时恒温器会自动停止制冰。当冰盒内的冰粒减少（融化或被取用），恒温器又会重新启动，恢复制冰。图 2-49 为全自动制冰机。

图 2-48　电热开水器

图 2-49　全自动制冰机

6. 抽排烟设备

（1）排风扇。排风扇又被称为换气扇或排气扇。排风扇的主要用途是把厨房的油烟等有害废气和室内的污浊空气排出室外，使室内空气保持清爽，同时减少油烟等造成的污垢沉积。

（2）滤式烟机。滤式烟机是在抽排油烟的同时，能够对空气中的油烟进行简单过滤和回收的油烟抽排系统。通过对油烟的回收，可减少对外界环境的污染。滤式烟机利用空气动力学原理，连续改变油烟气流的流速、压力，使通过对流板的油烟气流不断压缩、膨胀，气流中的油烟凝聚成油滴，黏附在折流板壁上，然后沿着折流板壁面流下，通过防火油管进入油杯中。图2-50为滤式烟机。

（3）运水烟罩。运水烟罩是较先进的水化除油烟设备，主要利用雾化水和化油剂（洗涤剂）对油烟进行净化分离以减少对环境的污染，是一种新型、高档的环保排油烟系统。这种设备是目前使用最普遍的一种油烟净化设备，集收烟和净化于一体。其优点是净化效率高，不占场地，能自动清洗；不足是设备价格贵，所以运水烟罩多用于较高级的厨房。图2-51为运水烟罩。

图 2-50　滤式烟机　　　　　　　　　　　　图 2-51　运水烟罩

三、厨房设备使用管理的三个作用

厨房设备的有效管理不仅能够保障餐饮企业顺利开展生产经营活动，还能实现企业生产安全，为企业创造效益。

1．有利于实现企业的安全生产

厨房设备运行良好，员工按操作规范使用各类设备，能够有效避免发生事故，员工的人身安全便有了保障。同样，设备状况良好也减少了餐饮企业因设备陈旧、损坏，或超负荷运作等导致的生产事故。

2．有利于保障厨房有序生产

厨房生产是一个循环往复、周而复始的过程，有计划地加工原料、备料、制作半成品，能够为餐饮企业顺利开餐、及时满足客人用餐需要提供保证。而这些前提的实现，是以厨房设备良好运行为基础的。因此，厨房设备的正常运行是厨房有计划地安排加工、生产，减少原料浪费，确保餐饮企业生产经营秩序的先决条件。

3．有利于节省维修费用，降低生产成本

厨房设备的维修频率、程度是可以通过有效的厨房管理加以控制的。设备损坏、维修，不仅增加直接的维修费用、材料费用，同时组织、购买材料的各项相关费用也同样昂贵。因此，加强厨房设备管理，维持、提高设备完好率，对餐饮企业切实进行成本控制是十分必要且相当有效的。

四、厨房设备管理的"六字"原则

不计成本、不断重复地对设备进行维修，对企业、对员工、对厨房风气的培养都不利。

厨房的管理应以方便生产，减少损坏，保持设备完好为原则。

1. 预防

厨房设备管理不要养成"用者不管、管者不查、坏了报修、修不好就买"的恶习，应贯彻预防为主的原则，平时多检查，定期保养，用时多留心，切实做到维护与使用相结合，并强化例行检查、专业保养的职能，保持设备完好率，尽可能减少设备损坏。

2. 定岗

厨房设备管理应尽量做到责任到人、落实到位、分工明确，让员工对自己的岗位职责更明确，提高工作效率。厨房管理人员负责检查、督促相关设备的使用、清洁和维护工作；员工下班之前应对责任区内的设备进行检查，并确认设备情况完好，主动接受厨房管理人员的督导。

3. 责任

对损坏设备及时进行维修的同时，应对损坏原因进行调查、分析，对故意损坏设备的当事人应进行严格教育，甚至可以要求直接责任人承担赔偿责任。

五、厨房设备维护的"六定"宝典

厨房设备管理是一项日常性、长期性、具体性的管理工作，要使厨房设备管理起到应有的效果，必须综合做好以下几方面工作：

1. 定设备管理制度

针对厨房生产及各岗位工作特点，制定切实、具体的设备管理制度，健全主要设备资料档案及操作规程，这是厨房管理要做的基础工作。厨房设备种类不同、功能各异、使用频繁程度也不一致，有的设备使用者也不好固定，所以更需要有严格而明确的规章制度，使设备的使用、保养、维护都有章可循。

2. 定设备操作规程

每一台设备都有一定的操作规程，正确地使用设备，就必须按规定的先后次序进行操作，严禁违章操作。因此对每一台设备都应根据产品说明书制订出操作使用规程。设备的操作使用规程一般包括使用前的检查工作、操作使用程序、停机操作及检查、安全操作注意事项。

3. 定设备保养规范

设备运行得正常与否，设备使用寿命的长短，不但与设备的正确使用有关，更与设备平时的维护保养有密切的关系，只使用不注意保养是厨房设备常出故障、容易损坏的主要原因。因此必须对每台设备制定详细的维护保养规程，并按设备的维护保养规程认真操作。该规程应包括设备的日常保养、设备的周期保养、设备的定期维修保养。

4. 定设备管理任务

制定厨房设备管理任务前，应将厨房设备根据其布局位置和使用部门、岗位及人员情况，进行合理分配，由专人专岗负责某类或某件设备的质量管理，这才是行之有效的。

5. 定设备维修体系

尽管设备分工明确，随时有人清洁维护，这也很难避免设备的损坏，因为厨房设备除了人为操作损坏，有些零部件因自身老化或磨损等必须进行更换或维修。因此，理顺厨房设备报修渠道，及时对有问题的设备进行科学修理，这不仅是维持正常厨房生产的需要，也可以减少因维修不及时而导致设备损坏程度加重、维修时间延长和维修费用增加等情况。

6. 定设备更新周期

适时为厨房更新或添置功能先进、操作便利的生产设备，不仅可以减轻厨师的劳动强度，提高厨师劳动积极性，而且可以防止因原有设备的老化或超年限使用妨碍厨房生产、出品质量，同时还能减少因设备老化造成的能耗损失和维修费用。

课后习题

一、名词解释

1. 加工厨房
2. 面店厨房
3. 中型厨房
4. 凉菜厨房
5. 全面送风
6. 相对湿度

二、填空题

1. 大型厨房是承担经营面积在＿＿＿＿＿＿平方米或餐位数在＿＿＿＿＿＿个以上的厨房。

2. 成品服务区域是介于＿＿＿＿＿＿和＿＿＿＿＿＿之间的区域。

3. 厨房设备管理，就是整合相关资源，调动各方积极因素，采取相应措施，主动实施对厨房各类设备的＿＿＿＿＿＿、＿＿＿＿＿＿、＿＿＿＿＿＿，以保持和提高设备完好率，方便厨房生产运作。

4. 和面机主要用于原料的＿＿＿＿＿＿和＿＿＿＿＿＿。

5. 常见餐具消毒设备有＿＿＿＿＿＿和＿＿＿＿＿＿两种。

6. 厨房设备的有效管理不仅能够保障餐饮企业顺利开展生产经营活动，还能实现企业生产安全，＿＿＿＿＿＿。

7. 厨房设备管理是一项＿＿＿＿＿＿、＿＿＿＿＿＿、＿＿＿＿＿＿的管理工作。

三、选择题

1. （　　）专门负责生产制作咖啡厅供应菜肴及煮制各类咖啡的场所。

    A. 中餐厨房　　　　　　　　　　B. 面点厨房

    C. 咖啡厅厨房　　　　　　　　　D. 烧烤厨房

2. 生产制作特定地区、民族的特殊风味菜点的厨房，如日本料理厨房、韩国烧烤厨房、泰国菜厨房，属于（　　）。

    A. 中餐厨房　　　　　　　　　　B. 西餐厨房

    C. 其他风味菜厨房　　　　　　　D. 大型厨房

3. 冷菜间应设计配备足够的（　　　），以使各类冷菜分别存放，随时取用。

    A. 冷藏设备　　　　　　　　　　　　B. 加热设备

    C. 消毒设备　　　　　　　　　　　　D. 面点加工设备

4. 对厨师来讲，自己犹如厨房里的演员；对客人来说，就像欣赏一场厨艺表演，这描述的是（　　　）厨房。

    A. 视频式明档　　　　　　　　　　　B. 烹调进餐厅

    C. 铁板烧布局　　　　　　　　　　　D. 食物展示式

5. 厨房的高度一般应在 3.7 ～ 4.3 米，吊顶后厨房的净高度以（　　　）米为宜。

    A. 3.3 ～ 3.6　　　　　　　　　　　　B. 3.1 ～ 3.3

    C. 2.8 ～ 3.1　　　　　　　　　　　　D. 3.6 ～ 4.1

四、判断题

1. 厨房及辅助部分的规划设计中，关键问题之一就是如何合理地安排流线（即厨房生产工艺流程），妥善处理各个流线相互交叉的矛盾。　　　　　　　　　　　　　（　　　）

2. 厨房的规划设计不会对整个厨房产生系统的影响。　　　　　　　　　（　　　）

3. 初加工厨房应规划设计在靠近原料入口且便于垃圾清运的地方。　　　（　　　）

4. 烹调出品厨房工作时间会产生大量的油烟、蒸汽，如不及时排出，则会在厨房内徘徊，甚至倒流进入餐厅，影响客人的就餐环境。　　　　　　　　　　　　　（　　　）

5. 选用石棉纤维吊顶，这种材料可吸音但不防火。　　　　　　　　　　（　　　）

6. 镉、铅或此类材料的合金不会影响菜点的安全和质量。　　　　　　　（　　　）

7. 运水烟罩是较先进的水化除油烟设备，主要利用雾化水和化油剂对油烟进行净化分离以减少对环境的污染。　　　　　　　　　　　　　　　　　　　　　　（　　　）

8. 厨房设备管理应贯彻预防为主的原则，平时多检查，定期保养。　　　（　　　）

五、简答题

1. 简述厨房的分类？

2. 影响厨房规划布局的内外因素有哪些？

3. 初加工厨房的规划设计应符合哪些要求？

4. 烹调厨房的设计布局应符合哪些要求？

5. 冷菜出品厨房设计布局有哪些要求？

模块三

现代厨房员工队伍建设

学习目标

知识目标：

▶ 1. 了解现代厨房七个岗位的基本职能。
2. 了解厨房岗位设置的四个原则。
3. 了解现代厨房员工工资分配的五种模式。
4. 熟悉现代厨房员工招聘的八个途径。
5. 熟悉厨房员工招聘注意事项。
6. 熟悉厨房员工培训的六个步骤。
7. 掌握绩效考核"五字诀"。

能力目标：

▶ 1. 能根据厨房各方面情况确定厨房员工需求数量。
2. 能制定快餐厨房厨师长岗位职责书。
3. 能根据厨房需求制订招聘计划。
4. 能运用厨房员工各种激励措施开展工作。

要有出色的出品，酒店厨房就必须拥有一支组织科学、技术过硬的厨师队伍。厨师队伍建设是厨房管理的基础工作之一，在进行厨房人事管理的过程中要根据厨房类型、生产规模、经营档次、菜系特色，以及厨房的结构、布局状况进行组织机构设置，进行工作分工界定，明确各岗位职责，实施各种形式的培训和激励，使厨房的各项管理工作能有效开展，才能保障厨房食品的生产取得理想的效果。

单元一　现代厨房组织结构

厨房人员的分工和工作岗位的设置，称为厨房组织结构。厨房面积、结构、功能、管理风格等的不一致，决定了餐饮企业厨房的组织机构也是不尽相同的。分清并把握厨房各岗位职能，是进行厨房机构设置的前提。

一、厨房七个岗位职能描述

厨房的生产运作是厨房各岗位、各工种通力协作的过程。原料进入厨房后，要经过初加工、切配、烹调、冷菜、面点等岗位工作人员的处理，至成品阶段才能送至备餐间，再传菜销售。因此，必须明确厨房各部门的基本职能，明确各岗位的基本职责，使厨房员工明白做什么和怎么做。

1．初加工岗位

初加工岗位是原料进入厨房的第一生产岗位，主要负责将蔬菜、水产、禽畜、肉类等各种原料进行拣摘、洗涤、宰杀、整理，即所谓的初加工；普通干货原料的涨发、洗涤、处理也属于初加工范畴。

2．切配岗位

切配岗位又称站墩或案板岗位，根据经营和烹调的的需要，按规格、分部位对加工后的原料进行切割处理，并按照菜肴制作要求进行主料、配料、料头的组合配伍，为下一步烹调做好准备，同时还要做好分档、原料切割，以及成品原料的保藏与保鲜工作。

3．烹调岗位

需要经过烹调才可食用的热菜，都归烹调岗位的厨师进行处理。烹调岗位负责将切配岗位员工配制完成的组合原料，通过加热、杀菌、消毒和调味程序，使之成为符合规定风味、质地、营养、卫生要求的成品。

4．冷菜岗位

冷菜岗位负责冷菜（亦称凉菜）的刀工处理、腌制、烹调及改刀装盘工作。冷菜是宴席的第一道菜，因此，凉菜岗位要根据地域、饮食习惯和文化差异确定出品数量和标准。有些地方凉菜品种很少，消费者更喜欢食用烧烤、卤水菜肴，这些菜品通常也作为类似凉菜功能的前菜推出。

5．面点岗位

面点岗位主要负责各类主食的制作和供应。有的面点岗位还兼管甜品、炒面类食品的制作。西餐面点岗位又称包饼岗位，主要负责各类面包、蛋糕、甜品等的制作与供应。

6．荷台岗位

在现代厨房里，"打荷"这一工作岗位越来越重要，其主要职能是在切配和烹调之间起联络作用，并协助烹调岗位做一些辅助性的工作，包括小料切配、挂糊、上浆等预备工作，以及餐具准备、餐盘饰品的准备、成品菜肴的传递等。

7. 上什岗位

上什是粤港餐饮企业出品部里的一个工作岗位，也叫上杂。大多"煲"的工序都是由上什完成的，比如煲老火靓汤、煲粥等；凡是"炖"的工序也是上什完成的，比如炖汤等；凡是"蒸"的工序也全是上什完成的，比如蒸鱼、蒸肉等；凡是有干货要"泡发"，也是由上什完成的，包括泡发鱼翅、燕窝、海参、干冬菇、干贝等。

二、厨房岗位设置的四个原则

由于各餐饮企业的管理风格、隶属关系、经营方式、经营风味有所不同，因此其厨房结构大相径庭也是理所应当的。建立厨房机构时不应简单模仿，不能生搬硬套，要充分考虑和力求遵循结构设置的原则。厨房岗位设置应遵循以下四个原则：

1. 有利于分工协作

菜点生产是由诸多工种、若干岗位、各项技术相互协调的完整体系，任何一个环节不协调都会给整个生产带来影响。因此，厨房的组织结构要按照有利于分工协作的原则设置。同时，厨房各部门要强调自律和责任心，不断钻研业务技能，培养一专多能的优秀员工，强调谅解与合作。在生产繁忙时期，更需要员工发扬团结一致、协作配合的精神。

2. 权力和责任相当

厨房组织机构的每一层级都应有相应的权力和责任。一定的权力是履行一定职责的保证，行使权力就应承担相应的责任。责任必须落实到各个层次相应的岗位，必须明确具体。要杜绝"集体承担、共同负责"而实际上无人负责的现象。一些技术含量高、贡献大的重要岗位，如行政总厨、厨师长、头锅等，在承担厨房人员管理、采购成本控制、生产质量监控等重要任务的同时，还应该有与之相对应的权力及利益所得。

3. 以满负荷生产为中心

在充分把握厨房作业流程、工作任务的前提下，应以满负荷生产、厨房各岗位共同承担足够的工作量为原则，按需设置厨房组织层级和岗位。各层级和岗位确立后，应本着节约劳动的原则，核计各工种、岗位劳动量，定编定员，杜绝人浮于事、因人设岗等现象的出现。

4. 管理跨度适当

管理跨度是指一个管理者能够直接有效地指挥控制下属的人数。通常情况下，一个管理者的管理跨度以 3～6 人为宜。影响厨房生产管理跨度大小的因素主要有以下三个方面。

（1）层次因素。厨房内部的管理层次要与整个餐饮企业相吻合，层次不宜多。厨房组织结构的上层创造性活动较多，以启发、激励管理为主，其管理跨度可略小；而基层管理人员与厨房员工沟通比较方便，应身先士卒，以指导、带领员工操作为主，其管理跨度可适当增大，一般可达 10 人左右。

中、小规模厨房，切忌模仿大型厨房设置行政总厨之类的岗位。厨房结构层次越多，工作效率越低，差错率越高，内耗越大，人力成本也就居高不下。中、小规模厨房机构的正规化程度不宜太高，否则管理成本也会增大。

（2）作业形式因素。集中作业的管理跨度可比分散作业大些。

（3）能力因素。管理者自身工作能力强，下属自律能力强、技术熟练稳定、综合素质高，管理跨度可大些；反之，管理跨度就要小些。

三、厨房岗位职责书制定

厨房岗位职责书作为现代厨房管理规范和管理体系的一个重要组成部分，主要用于明确界定厨房员工在厨房组织中应承担的责任和组织位置。岗位职责是衡量和评估每个员工工作状况的依据，是岗位间沟通和协调的依据，是选择岗位人选的标准和依据，也是实现厨房高效率组织、从事生产的保证。厨房岗位职责书主要包括以下几部分内容：

1. 岗位名称

岗位名称是指各岗位的具体称呼。目前，餐饮企业岗位名称的统一虽然有大致的规范，但由于餐饮企业量大面广，各地区发展不平衡，文化背景也不完全相同，因此对各岗位名称的称呼实际上存在一定的差异，特别是南北差异更为明显。但在同一个餐饮企业中不应当出现同一个岗位几种叫法的现象，应该在企业内部做到规范一致。同时岗位职责中的岗位名称还必须与组织结构中的称呼一致。

2. 岗位级别

岗位级别是该岗位在餐饮企业组织结构中的纵向位置，在实行岗位技能工资制度的餐饮企业中，岗位级别的界定尤为重要。餐饮企业从总经理到实习生分级别对应不同的工资等级，充分调动了员工的积极性。岗位级别的确定需要企业人事部门的参与。

3. 直接上司

直接上司即岗位的直接管理者。注明直接上司的目的是使每个岗位人员知道自己应向谁负责，服从谁的工作指令，向谁汇报工作。

4. 管理对象

管理对象是针对管理岗位设立的，目的是使每个管理者清楚地知道自己的管辖范围，避免工作出现跨部门或越级指挥等现象。厨房组织机构基本上是按照惯例幅度的原则，相应规定每个惯例岗位的管辖范围，其目的是要充分发挥各管理岗位人员的潜能，做好各自的管理工作，保证各作业点的正常运转，同时也避免了各岗位管理者越级指挥或横向指挥等交叉、混乱现象的发生。

5. 职责提要

职责提要又称为岗位提要、主要职责，即用非常简明的语言描述该岗位的主要工作职责，对于快速、宏观地掌握一个岗位的工作要领十分有用。

6. 具体职责

这部分内容是从计划、组织、协调、控制等方面，具体规定每个岗位的工作内容，其目的就是要使该岗位的工作人员，通过具体职责的学习，清楚知道自己应该履行哪些职责，完成哪些工作任务。

7. 任职条件

任职条件又称为职务要求，也就是明确该岗位员工必须具备的基本素质要求。任职条件一般包括五个方面的内容：

（1）态度。态度是指工作态度和个人品德要求。

（2）知识。知识是指从事该岗位的员工必须具备的基本认知要求。

（3）技能。技能是指从事该岗位的员工必须具备的基本技能要求。对于管理岗位而言，还包括各项管理能力要求，如计划组织能力、文字表达能力、语言表达能力和沟通能力等。

（4）学历及工作经历。学历及工作经历是指从事该岗位的员工必须具备的文化程度，以及与生产、管理岗位相关的工作经历。

（5）身体状况。身体状况是指针对岗位的具体情况提出的胜任该岗位应具备的身体素质方面的要求。

8. 岗位权利

岗位权利是针对管理岗位设立的一项内容，按照层次管理的原则，对相应岗位的管理人员应该做到责、权、利相统一，给予他们相应的管理权限，其目的是为了更好地完成工作。至于授权幅度，各餐饮企业不完全相同，有的企业授权至领班，有的企业授权至主管，也有的企业授权至部门经理。按照新的扁平式厨房结构管理模式，向一线员工授权也是有益处的。

单元二　现代厨房员工招聘

厨房员工在餐饮企业中占有举足轻重的位置，其技术水平、所制作菜肴的特色和受顾客欢迎程度，都直接影响着企业的经济效益。所以，餐饮企业在选聘厨房员工，特别是技术骨干时不可草率行事。由于各地风味不同、各餐饮企业经营的具体内容不同，以及各地的劳务成本不同等，餐饮企业在招聘厨房员工时应重点考虑配备数量、工资等因素。

一、确定员工数量的三个方法

确定厨房人员数量可以采用一种方法测算，然后采用几种方法进行综合确定。确定了人员数量后，还可以在日常工作中加以跟踪考察，并进行适当调整，以确保科学用工、节约用人。确定员工数量的方法有以下三种：

1. 按餐位比例确定

国外餐饮企业一般是 30 ～ 50 个餐位配备 1 名厨房生产人员，其间差距主要在于经营品种的多少和风味的不同。国内档次较高的饭店一般是 15 个餐位配备 1 名厨房生产人员；规模较小或规格较高的特色餐饮企业，甚至每 7 ～ 8 个餐位就配 1 名厨房生产人员。中西方厨房员工配比差异较大，主要是因为产品结构、品种、规格、生产制作的繁简程度、购进原料的加工程度以及设备、设施的配套使用等情况有所不同。按餐位比例确定厨房人员数量落实到具体餐饮企业有时数字出入较大，其中两个重要影响因素是餐饮风味类别和餐厅使用率。

2．按工作量确定

将规模、生产品种既定的厨房进行全面分解，测算每天加工制作食品所需要的所有时间，累加起来即可得出完成当天厨房所有生产任务的总时间。考虑到员工轮休和病休等缺勤因素，须再加上一定的富余量，一般为总时间的10%，然后除以每个员工规定的日工作时间，便能得出厨房生产人员的数量。计算公式为

$$厨房员工数 = 总时间 \times （1+10\%）\div 8$$

3．按岗位描述确定

根据厨房规模，设置厨房各工种岗位，将厨房所有工作任务分解至各岗位，对每个岗位的工作任务进行满负荷界定，进而确定完成各工种、岗位相应任务所需要的人员，汇总厨房用工数量。综合型饭店的客房用餐厨房大多采用这种方式确定需配备的员工数量。

注意：在确定厨房人员数量时应综合考虑以下因素

（1）厨房生产规模的大小。

（2）厨房的布局和设备情况。

（3）经营菜品的种类、制作难易程度以及出品标准的高低。

（4）员工的技术水平。

（5）餐厅营业时间长短。

二、厨房员工工资分配的五种模式

厨房员工的工资分配历来是个敏感话题，工资分配合理，不仅能调动员工工作的积极性，还能为企业留住人才，避免员工跳槽；工资分配不合理，不仅影响员工心情，还影响餐厅的菜品出菜效率，严重的还会影响餐厅经济效益。

厨房员工工资分配的五种模式如下：

1．厨房承包制工资

厨房承包制工资是企业按照厨房承包合同将每月工资交给包厨个人，由包厨按照自己制定的工资标准对厨房员工进行分配的工资分配模式。

优点：某种程度上减少了老板与员工直接打交道所产生的矛盾，有利于厨师长工作的展开。

缺点：

（1）厨师长"一手遮天"，容易造成克扣员工工资的现象。

（2）因为整个厨房是一个小"集团"，如果包厨者素质不高，带着手下集体跳槽，容易让企业陷入被动。

（3）包厨承包制工资收入不够稳定，承包合同到期后，人员工资会一时没有着落。

2．公司托管制工资

餐饮管理公司基本可算作厨房承包制的"升级版"，他们大多还局限在对后厨的管理，真正有实力接下整个餐饮企业的尚在少数。餐饮管理公司发工资的方式不尽相同，但相对于个人包厨而言，这种公司制的运作模式比较有效地避免了包厨者的私心，并且以"集团作战"的优势开创了"后包厨时代"。

3. 工作岗位制工资

按照岗位定工资是厨房承包制工资以外餐饮企业最常采用的工资分配方式。这种分配方式虽然传统，但基本能杜绝"人情工资"的出现；其弊端在于，工资按岗位固定以后，调动员工的积极性就必然提上日程。

4. 岗位绩效制工资

采用岗位绩效制工资方案时，公平、公正的绩效考核就成为调动员工积极性的重要手段。只有将员工工资与酒店的经济效益和员工的实际劳动贡献挂钩，建立起工资分配的激励机制和约束机制，才能进一步适应市场竞争的客观需求。

5. 股份制工资

作为一种先进的管理模式，"厨房股份制"追求的不再是营业额，而是酒店实实在在的经济效益，即酒楼的利润。这个变化将酒店老板与入股人拧成一股绳，使他们能够真正做到劲往一处使。

厨师入股的方式有以下两种：

（1）以技术入股。以技术入股是厨师对酒店资产没有所有权但有分红权、负盈不负亏的一种模式。

（2）以资金入股。以资金入股是指厨师以资金入股与老板结成伙伴合作经营酒店。

三、厨房员工招聘的八个渠道

对于新开业的餐饮企业来说，厨房人员的招聘是一项系统的工作；而对于处在经营阶段的餐饮企业而言，随着餐饮生产和销售规模的扩大、厨师流动的增加，也需要招聘厨房人员。厨房人员的招聘是一项长期、经常性的工作。厨房人员招聘的过程，是发现求职者并根据工作要求对他们进行筛选的过程，一般从招聘开始到录用结束。现代厨房员工招聘主要有以下八个渠道。

1. 校园定向招聘

一般而言，校园招聘的计划性比较强，招聘新人的数量、专业往往是结合企业的年度人力资源规划或者阶段性的人才发展战略要求而定。因此，进入校园招聘的通常是大中型餐饮企业，他们通常会挑选综合素质高的学生。校园招聘虽然能够吸引众多的潜在人才，但是这类人员的职业化水平（工作态度、专业技能、行为习惯等）不高，流失率较高，需要厨房投入较多的精力进行系统、完整的培训。所以，这类潜在的人才进入厨房后，通常要接受比较完整的培训，再到具体岗位接受工作训练。

2. 媒体广告招聘

当前，专业的人才招聘报纸仍然是求职者了解信息的重要平台，如各地主流媒体上的招聘专版或者副刊等。这种形式的招聘广告覆盖面比较广，被目标受众接受的概率非常高，可以提升餐饮企业在当地的知名度，有一举多得之功效。但是，这种招聘渠道会吸引很多不合格的应聘者，增加了人力资源部门筛选简历的工作量和难度，延长招聘的周期，另外，该渠道的费用比较高，特别是选择优质版位的费用会更高。通常，餐饮企业采用这种方式招聘有实际工作经验的社会人员。

3．网络招聘

这是伴随网络的日益普及而产生的一种新型招聘形式，招聘信息可以定时定向投放，发布后也可以管理，其费用相对比较低廉，理论上可以覆盖到全球。餐饮企业人力资源部门通过在知名人才网站上发布招聘信息，可以快捷、海量地接收到求职者的信息，而且各网站提供的格式简历和格式邮件可以降低简历筛选的难度，能够加快处理简历的速度。但是，这种渠道不能控制应聘者的质量和数量，海量的信息，包括各种垃圾邮件、病毒邮件等会加大招聘工作的压力，在信息化不充分的地区效果差。常年招聘较多的单位可以采用这种招聘形式。

另外，随着各大人才网站简历库的丰富完善，餐饮企业的人力资源部门可以利用网站提供的"网才"服务在简历库中搜寻要找的人，这种方式有些类似于猎头。

4．现场招聘会

这是传统的人才招聘方式，费用适中。餐饮企业的人力资源部门不仅可以与求职者直接面对面交流（相当于初试），而且可以直观展示企业的实力和风采。这种方式总体上效率比较高，可以快速淘汰不合格人员，控制应聘者的数量和质量。现场招聘通常会与媒体招聘广告同步推出，并且有一定的时效性。其局限性在于，现场招聘会往往受到推广力度的影响，求职者的数量和质量难以有效保证。这种方式通常用于招聘一般型人才。

5．猎头公司招聘

猎头是一种由专业咨询公司利用其储备人才库、关系网络，在短期内快速、主动、定向寻找酒店厨房所需人才的招聘方式。目前，猎头主要面向的对象是企业中高层管理人员和特殊人才，其具体操作基本上是由企业高管直接负责，因此这种方式看起来比较神秘。正规的猎头公司收费比较高，通常为被猎成功人员年薪的 20%～30%。

6．企业内部招聘

内部招聘的特点是费用极少，能极大提高员工士气，申请者对公司相当了解，适应公司的文化和管理，能较快进入工作状态，而且可以在内部培养出复合型人才。其局限性也比较明显，就是人员供给的数量有限，易近亲繁殖，形成派系，组织决策时缺乏差异化的建议，不利于管理创新和变革。内部招聘也用于内部人才的晋升、调动、轮岗。

7．员工推荐

员工推荐在国内外公司应用得比较广，特别是需求不是太大的专业人士和中小型企业。其特点是招聘成本小，应聘人员与现有员工之间存在一定的关联相似性，基本素质较为可靠，可以快速找到与现有人员素质技能相近的员工。这种方式对于难以通过人才市场招聘的专业人才尤为适用，因为专业员工之间的关系网络是最直接有效的联系渠道。但是这种方式的选择面比较窄，往往难以招到能力出众、特别优异的人才。

8．招聘告示

这是招聘媒体形成以前广泛采用的招聘方式。通常情况下，这类招聘方式的招聘成本不高，将招聘告示张贴于店面门口、店面周边或者人流量大的场所即可。其特点是简单易行，便于文化层次不高、经济条件不好的人员求职。

四、厨房员工招聘注意事项

厨师招聘是企业组建员工团队的一件大事，招聘工作如果没有做好，厨师调换频繁，会使企业遭受损失，所以无论采用哪种招聘方式都要注意以下三点。

（1）选厨师长和技术顾问，应考虑其工作经历、经验、技术、技能、专业知识、管理能力和用人能力。

（2）在面试合格的基础上，还应注重厨师的综合素质，主要考核专业技术、技能、协作精神以及责任心。

（3）无论是通过哪种渠道招聘的厨师，都应试工后再正式录用，以便更确切地了解厨师的真实情况，以防名不副实，影响工作。

单元三　现代厨房员工培训

在市场竞争日益激烈的今天，人才竞争已成为企业竞争的焦点，而培训无疑是企业培养高素质人才并提高核心竞争力的重要手段。当今成功的企业都有一个共同的特点，就是十分重视员工的培训。他们把有效的培训视为"经营战略"任务，把人员培训称为"智力能源开发"。企业家有一个共同的看法，他们认为企业间的竞争，本质上就是企业人员素质的竞争。

一、厨房员工培训的三大作用

1. 不断增强企业实力

学习与培训是人力资源管理的主要任务，是提高企业人员素质的有效方法。餐饮企业离不开厨房，厨房离不开有技术的厨师，厨师要提高业务素质就离不开培训。有效的厨师培训可系统地提高厨房人员的烹饪技艺，能够有效地提高厨房的生产效益和改进工作方法，可以克服厨房生产中出现的种种困难，解决经营中出现的各种疑难问题，提高工作质量。通过各种培训，新员工能够及时上岗并正确地使用厨房设备。对于厨房中的技术骨干要做到有计划地培养，分期、分批地进行有目的的培训，向他们灌输现代经营与管理思想，增强他们的创新意识和管理能力，最终使企业在餐饮经营方面具有较强的竞争力。

2. 不断提高企业的管理成效

抓好员工的技术培训，既是提高菜点质量的一个重要方面，也是人力资源管理的一项重要内容。因为企业的员工都是经过选聘并培训才上岗的。通过培训教育，员工的厨房操作工艺不断进步，能够运用新原料、新技术，不断创新品种，提高菜品质量，满足顾客对菜点新颖性和营养保健方面的需求。

研究表明，企业通过培训可以获得一些明显的管理成效，主要包括：降低成本，提高核心竞争力；能够帮助员工更好地适应环境变化；提高员工积极性，增强员工参与意识；有助于建立长效机制；有助于完成企业目标；使企业运营符合国家及行业标准。

3．为企业营造高效的工作氛围

随着人们生活水平的提高，优厚的薪水已不再是企业调动员工积极性的唯一手段，有思想的员工更希望通过培训使自己知识面更广、视野更开阔、创意更大胆，去尝试一些目前只有管理层有机会做的工作，期望在能力提高的同时，职位也得到晋升，获得自我实现的成就感。因此，企业就必须多为员工创造发展的机会，让他们更多地去锻炼自己。工作是生活的一部分，舒适的工作环境和友善和谐的人际关系，能让员工心情愉悦，营造一种高效的工作氛围。所以管理者必须注重人力资源开发，使每个人都能体现自身的价值，这也是培训与学习所产生的效果。

二、厨房员工培训的两种方法

企业的培训与学生在校学习不同，企业不是学校，它的主要任务是经营，因此我们必须让培训工作渗透到管理工作的每一个环节中去，联系实际、因地制宜地配合经营来搞好培训。具体来说，厨房员工培训的方法一般分为两类。

1．在职培训

在职培训是指在工作场所进行的培训。这种培训方法将经过仔细安排的学习机会与现场工作结合起来，再结合管理者系统化的反馈和要求，循序渐进地提高员工的各种能力，进而提高企业的运作效率和整体竞争力。在职培训的方式主要有：直接传授、竞赛与评比、职务代理、分级选拔、开会、自助培训、协作学习、聘请管理顾问和企业教练等。

2．脱产培训

脱产培训是指远离工作场所进行的员工培训。这种培训需要专门安排时间，对正常工作会有一定的影响，为保证达到预期的目标和效果，在策划和组织脱产培训时，要耗费较多的培训经费和资源。脱产培训的方式主要有：课堂讲授、多媒体教学、暗示教学、抛锚式教学、经营模拟、实战模拟、参观访问、团体训练、野外拓展等。

三、厨房员工培训的三种形式

作为厨房的内部培训，可以分步实施刀功、火候、调味、拼摆、装盘的演示。创新菜和重点菜品的技术、知识的培训等，可以由厨师长讲解和示范，也可以指定技术较好、具有较强专业技术知识的主管、领班或技术骨干讲解和示范；或结合经营过程中出现的普遍性问题，有针对性地进行培训。

餐饮企业厨房员工培训形式主要有以下三种：

1．餐饮企业自行培训

餐饮企业可根据实际情况制订相应的内部培训计划。餐饮企业可以安排优秀的厨师长或总厨进行培训，也可聘请其他企业的厨师来培训。此外，有条件的餐饮企业也可以聘请有厨师工作经验的培训讲师定期进行培训，每次培训 45 分钟或一小时，并按课时支付培训讲师报酬。

2．参加各种培训班

这种培训形式适用于对某一项技能进行有针对性的培训。随着餐饮行业竞争日趋激烈，餐饮企业越来越重视菜品的质量和创新，各种各样的针对厨师的培训班或者培训学校应运而生。餐饮企业可以就近为厨师选报一些培训班，进行强化培训。

3. 组织考察活动，与同行进行学习交流

餐饮企业可以组织或者参加一些由社会机构组织的考察活动，与餐饮界同仁进行交流。这种培训方式有利于提高厨师的业务技能，深受厨师们的欢迎。

四、厨房员工培训的六个步骤

1. 确定培训需求

在厨房管理过程中，如果发现一些影响工作质量与效率的情况，如出菜速度慢、原料浪费大、员工牢骚多、经常迟到或旷工等，就非常有必要进行培训了。确定培训需求后，要分清主次，找出最迫切的培训项目，把它放在培训的首位。

2. 确定培训目标

一旦确定要进行培训，就要确定培训目标。厨房的培训要着眼于提高实际工作能力，而不是为了了解一些知识。厨房培训员必须明确规定受训者经过培训必须学会做哪些工作和必须达到什么要求，以便对培训效果进行评估。

3. 制订培训计划

餐饮企业应根据不同等级、不同岗位的厨师，分别制订培训计划，计划要有具体明确的内容。培训计划内容主要包括：培训对象、培训方式、培训时间、培训要求、培训内容及时间分配计划、考核方式、考核时间、授课人员和指导人员及各自承担的具体任务等几个方面。

4. 做好培训准备

计划制订好以后，为使计划得以顺利实施，就要按计划做好准备工作。

（1）培训人员的确定。在确定培训对象后，就要根据培训内容确定培训教师。培训教师必须精通所教内容，熟悉培训对象的基本需求，做到有针对性地授课。

（2）培训资料的准备。培训教师确定后，就需要该教师对所教授内容进行研究，详细备课，编写培训教学提纲，准备教学所需的有关素材。

（3）培训地点的选择。培训地点应满足培训教学需要，理论授课时，要配备电脑、投影仪、白板、笔、教室等。实践授课时，要考虑到厨房场地的大小、烹调设备和用具、烹饪原材料等。

（4）其他工作准备。如培训资料的印刷、培训对象的工作班次编排、培训教师的工作时间调整等。

5. 实施培训计划

实施培训计划，就是根据计划着手进行培训，必须在规定的时间内达到计划所规定的要求。

（1）培训前的动员。使受训者在思想上做好充分的准备，了解培训的目标、内容和时间。

（2）向培训教师提出培训要求。由于有些培训教师既要承担教学任务，又要承担厨房的生产任务，所以工作时间较紧，准备并不充分。因此，管理者要对其提出要求，以便其顺利完成授课任务。

（3）实施计划内容。培训教师要根据计划规定的时间、方式、要求、内容，按顺序进行授课。同时，还必须了解受训者的要求，及时发现问题并解决问题，使每一位受训者都能学到必须掌握的知识和技能。

（4）检查计划的完成情况。如检查教师的授课内容是否准确，培训进程是否与计划一致等。

6. 培训效果评定

考核是评定培训效果的重要手段。考核主要分为理论考核和操作考核两种。通过考核能够了解受训者对规定的学习内容所掌握的程度。同时，对修改与完善培训计划也有一定的帮助。

单元四　现代厨房员工绩效考核

厨房员工的绩效考核实际上是通过一定的渠道、采取一定的程序与方法发现和记录厨房员工的工作表现及对企业贡献的大小。绩效考核的结果同员工的绩效工资相联系，可以调动员工的积极性，表彰先进，鞭策落后。

一、厨房员工绩效考核的九大作用

厨房员工绩效考核是在对厨房员工日常工作考核管理基础上进行的间隔周期相对较长的考察，是对厨房员工综合工作表现的总结。其作用主要体现在以下九个方面。

1. 使员工的工作成果得到承认

在对厨房员工进行考核时，厨房管理者会把注意力集中在员工身上，员工也有机会针对目前的工作情况和如何进一步做好工作发表意见。因此，绩效考核工作为厨房管理者听取员工的意见，了解员工个人业绩创造了条件，便于对员工工作表现进行评价，认可员工工作成果。

2. 有助于员工找出长处和弱点

厨房员工绩效考核有助于找出员工的长处和弱点。当考核人员发现员工的长处时，可以对其进行嘉奖，这样做员工会感到舒心，也会激发员工斗志、增强员工信心。同时，通过考核可以发现员工的弱点，帮助其改进工作。

3. 有助于了解进展情况

员工绩效考核既有助于厨房员工了解自己的发展、进步情况，也有助于厨房管理人员发现工作中的得失，以及餐饮企业目标的实现程度。

4. 为辅导和帮助员工提供依据

厨房员工绩效考核中的工作表现考核能够发现厨房员工在实际工作中遇到的困难，为对这部分员工进行辅导和帮助提供依据。

5. 为工资调整提供依据

当工资、薪金、荣誉和奖金都与工作表现挂钩时，对员工的考核就可为决定员工工资、奖金等级提供重要的依据。工资、薪金的调整既要关注资历，更要强调工作表现。

6. 为员工岗位变动提供正当理由

厨房管理者必须以客观的态度来评估员工的工作能力。考核工作做得好，可以为员工岗位变动提供正当的理由和依据，为厨房人力资源的优化组合、实现厨房人员的动态平衡创造条件。员工在绩效考核过程中被发现的才能，可以成为决定提拔、调动或向其他主要岗位变动的重要因素。若考核结果显示员工不能胜任工作，则可以此为依据采取降职、解聘的办法或将其调到其他相应岗位工作。

7. 有助于找出员工工作上的问题

厨房员工绩效考核工作做得好，有助于找到员工工作上的一些问题，这对于决定是否需要培训是很有帮助的。比如，绩效考核过程中发现一些厨师对新推出的菜品的口味把握不准，这就意味着需要进行集体培训。另外，对员工进行单独培训或辅导有助于解决员工各自的具体问题。

8. 有助于改进管理工作

当厨房管理人员与员工接触并讨论其长处和弱点时，管理人员应该考虑发现的问题与其管理方式和具体做法有什么联系，以改进管理工作。

9. 可改善员工与厨房管理者之间的关系

厨房员工绩效考核有助于改善员工和厨房管理者的关系。考核人员和员工在进行绩效考核时必须通力合作，保持一致。这种关系正常发展，考核人员和员工才可以了解双方的想法是什么，才能知道如何去配合。

二、厨房员工绩效考核的三项基础

厨房员工考核是厨房管理的基础工作之一。做好这项工作的前提是立足本餐饮企业厨房现状，着眼厨房员工技术、厨房管理乃至厨房风气日益进步、日臻完善的基本目标，设计、制定切实可行的行动纲领，并有序实施。绩效考核的基础性工作有以下三项：

1. 确立基本考核规则

厨房员工绩效考核应起到弘扬正气，反对歪风邪气和不良积习的作用。制定员工绩效考核基本规则时，应明确具体的鼓励方向与惩戒内容，以便被考核人员和考核人员掌握。

2. 公布、培训、确认考核规则

厨房员工绩效考核基本规则确立后，应将考核规定公布于众并对厨房考核对象进行全面、系统、认真的培训，以使其正确理解奖罚标准。

3. 修订与完善考核规则

厨房员工绩效考核规则基于不断提高员工工作责任心、敬业精神，以及出品和管理质量而定，并非一成不变。在厨房各方面工作明显进步之后，对一些没有必要强化或大家习惯了的好的行为，不应继续列为考核内容。可以通过修订、完善考核规则的方法，不断提高厨房工作质量和出品质量。

三、厨房员工绩效考核的三种方式

持之以恒、公平合理的绩效考核可以引导厨师日益进取，不断进步；断断续续的考核只能养成并纵容员工消极、投机取巧、敷衍了事的工作作风。厨房员工绩效考核系统的建立主要应做好两方面的工作：一是考核常抓不懈；二是覆盖厨房所有工作人员，无论是普通员工还是管理者，都应接受相应的考核。

1．日考核

（1）厨房日考核的特点

厨房日考核即逐日对厨房员工进行工作表现、工作质量的考察和记录，其特点是"发生记录制"。

（2）厨房日考核的要求

1）及时确认。员工有违纪或应受表扬的行为时应及时给予说明。

2）记录翔实。所有列入绩效考核的材料，应有细节内容的记载。

3）公平公开。考核事实应向本岗位、班组公示。

（3）厨房日考核的具体操作方法

1）公布规范。厨房管理人员和员工在讨论并确认鼓励员工积极从事的工作内容和要求员工尽量避免的内容后，在实行考核以前，应向全体员工正式明确和公布考核办法。

2）宣传规范。将已经公布的规范在考核范围内进行全面、系统的宣传，以使考核对象知晓并认可考核内容和标准，支持并配合绩效考核。

3）发生记录。曾经有不少厨房设计过员工日考核表，表内类别齐全，项目繁多，每餐结束以后要求厨师长逐条对员工进行评估、打分。而事实上，这种方法太麻烦，使考核工作流于形式，几乎没有成效。而发生记录制要求厨房管理人员在当班、当餐期间，只要发现员工有特别表现，就可以将其列入考核内容。除此之外的行为则不列入考核，不但减少了考核工作量，而且效率更高了。

4）签字确认。列入考核的员工奖惩行为，必须由员工本人签字确认。若员工有异议，可进行申诉。

5）纠正防范。厨房员工绩效考核的目的不是追究、惩罚员工，而是为了使各项工作做得更好。因此，及时指出发现的问题，或对好的行为提出表扬，可为厨房员工指明今后工作的方向，及时制止和防范错误行为的发生。

2．月考核

（1）厨房月考核的重点

月考核即在厨房员工工作表现日考核的基础上，将一个月的表现进行总结和综合，并据其进行奖惩兑现。厨房月考核的重点是奖惩兑现，要求做到以下几点：

1）及时。厨房员工对应该属于自己的报酬是相当关注的，餐饮企业若无故拖延奖金或工资的发放，员工可能会认为企业资金紧张，甚至缺乏信用。不仅如此，员工的奖惩若不能以月为单位体现，其激励和鞭策作用也会大为减弱。

2）充分。对厨房员工的奖惩必须按照考核的基本规则和事先确定的各种政策规定，如数、足额兑现；否则，同样会挫伤员工积极性，弱化纪律、规章的严肃性。

3）公开。要使奖惩对大部分员工产生影响力，起到榜样的激励作用，或处罚的震慑作用，大部分情况下，奖惩行为的公开是行之有效的。

（2）月考核资料的主要来源

1）餐饮企业管理人员平时对厨房员工考核的记录。

2）分管餐饮部门的领导检查考核记录。

3）厨房内部的各种考核资料。

（3）厨房月考核的操作方法

1）根据当月或上月（企业应有一贯的规定）经营业绩情况，依据企业奖惩政策，计算厨房考核分配费用（大多企业以资金形式体现）。

2）将用于考核分配的总金额，除以当月或上月厨房各岗位员工考核项目总分数，即得出每项考核分的分值；再将此平均分值乘以每位厨师的实际考核分，即为该员工的所得。

3. 年度（半年）考核

（1）确定员工工作岗位

厨房员工年度（半年）绩效考核是员工在厨房工作一段时间之后，对其工作责任心、技术业务水平、人际关系等做出的比较全面、系统的考查及总结，可以发现员工在这期间是否有所进步，能否胜任相应岗位工作，以及个人发展与企业的发展是否吻合，是确定员工工作岗位的关键。

（2）厨房员工年度（半年）绩效考核要求

1）认真细致。如果说每日、每月的厨房员工考核，影响的是厨房员工短期情绪或当月收益，那么半年或全年的绩效考核，则会影响到厨房员工的岗位变动以及下半年乃至第二年的工资待遇。因此，厨房员工年度（半年）绩效考核必须更加细致认真。

2）直接见面。考核者要与厨房员工直接见面，时刻保持双向沟通，双方更加理性化，对事不对人。这样的结果也更加真实。

3）操作考核。操作考核评估员工"应会"部分，即员工对技术的掌握情况。考核应做到全程公开、公正，评委的组成应具有权威性和代表性，考核之后还要进行现场讲评。员工的操作考核内容也分理论考核和操作考核两部分。

4）结论要确切具体。认真、细致地评估厨房员工的全年或半年表现之后，应对员工的工作情况给出一个明确、具体的结论。这样，员工才更加清楚自己的发展方向和努力的目标，对企业的整体发展才更加有益。

四、绩效考核"五字诀"

绩效考核作为现代人力资源管理体系中最重要的环节之一，一直是人力资源管理工作者最为关心的内容。一些中小型酒店聘请职业经理人花费大量的人力、财力做绩效考核，最后还是草草收场。问题出在哪里呢？餐饮企业该如何执行绩效考核方案呢？

1. 岗位职责要"清"

发展到一定阶段的餐饮企业，想要引入绩效考核，就要清楚地梳理出岗位职责和组织结构，同时明确各部门职责。并不是小酒店就不需要组织结构和岗位职责，当管理者觉得员工相互扯皮现象增多，效率降低，一个人管不过来时，就需要明确组织结构和岗位职责，明确每一个人该做什么事。这是绩效考核的前提和基础。

2．考核指标要"精"

考核指标的设定一方面来自岗位职责，另一方面来自企业的整体工作任务。对餐饮企业来说，考核指标要紧紧围绕岗位职责，对可以量化的工作尽量进行量化指标管理；对一些比较"虚"的指标，比如对企业文化的认知程度等，尽量不要放入考核体系。绩效考核不能追求面面俱到。

3．考核信息要"准"

"准"是指收集的考核信息要准，考核信息准确与否是考核有效与否的关键。当然，厨房管理者对厨房员工的考评也非常重要，毕竟在工作中的了解最为真实、贴切。

4．考核兑现要"快"

考核结果一旦确定，当月就要体现在员工的薪酬中。上级要对考核人进行面谈，让下属体会到领导对考核结果的关注。厨房员工绩效考核的汇总结果，应该与员工的培训、晋升、年终奖金挂钩，以便最大限度地激励员工创造更好的工作业绩。

5．考核流程要"察"

考核有时会变成一部分管理者送"人情"的工具，任何事情失去监督就会产生腐败。在绩效考核的关键环节中，人力资源部门要对考核方法和指标的设起指导作用，对考核的信息进行审核，对考核的结果要进行监督。这样才能形成良性循环，帮助员工发现不足，提出改进意见，提升工作业绩。

五、绩效考核六个注意事项

厨房员工绩效考核工作既不能过于频繁，也不能草草了事。否则，不仅不能通过绩效考核发挥积极作用，而且还浪费人力、物力、时间。厨房员工绩效考核工作通常会出现以下问题：

1．采用作用不大的绩效考核表

若各种绩效考核表不着重于工作表现而强调个人才能，就可能造成绩效考核中的各种问题。仅仅把绩效考核当作检查纪律的一种方式，也是不恰当的。

2．缺乏从事绩效考核工作的组织能力

绩效考核人员和厨房管理者可能缺乏周密地制订和实施员工绩效考核计划的知识和技巧，考核步骤凌乱，其效果也就很差。

3．不能定期或者经常性地进行绩效考核

绩效考核工作若不是定期或经常性地进行，就可能收获不大。员工希望而厨房管理者也应该对如何改进员工的工作向他们不断地提供反馈。

4．害怕得罪员工

一些绩效考核人员和厨房管理者害怕因实施客观公正的考核标准而得罪员工。这种想法是错误的。因为厨房管理者的职责就是向员工提供帮助，明确指出他们工作中存在的问题，使他们更好地完成工作。

5. 员工没有参与绩效考核

在一些餐饮企业的厨房里，绩效考核人员制订了评估步骤并填写了各种绩效考核表，但某些绩效考核人员可能未征求员工的意见就填写了绩效考核表。这种做法是不足取的。员工必须积极参与评估，他们的意见不管是否有意义都应予以考虑。

6. 绩效考核结束后未采取后续措施

要想让从绩效考核中得到的各种资料发挥作用，就应进行后续管理。绩效考核工作不能做完就弃置一边，到下次绩效考核再说。其实，可以在两次绩效考核之间开展跟踪监督、辅导等工作，使员工不断地改进工作。

单元五　现代厨房员工士气激励

所谓士气，是指员工对其工作岗位所有方面（要做的工作、领导和同事、厨房工作环境）的感情和反映。激励就是管理者为了鼓励或感化他人去做必要的事情而做的努力。激励的过程要确立目标，并尽可能使员工的目标与本企业及厨房的目标紧密结合起来。这样可使员工认识到他们的平凡劳动对厨房、对企业都是至关重要的。员工在为企业做贡献时，不仅仅是在奉献。他们的自身价值、人生追求和物质需要，也将在企业的发展中获得满足。

一、员工需求分析

调动厨房员工的积极性，就是激发员工的工作热情，改进员工的工作行为。人的行为是由动机支配的，而动机又是由需要引起的。所以，要激励员工的行为首先必须分析员工的需求。

美国心理学家马斯洛把人的需求分成五个层次，即生理需求、安全需求、社交需求、尊重需求和自我实现需求。

1. 生理需求分析

生理需求是马斯洛需求层次理论中第一层次的需求。餐饮企业对于员工生理需求应有针对性地加以满足，应着重关注与员工日常生活息息相关的方面，主要包括以下三点。

（1）员工餐厅。员工每天至少有两次或三次在员工餐厅用餐。员工餐厅应窗明几净，工作人员应按规定着装，并严格按程序和规范提供服务。所提供的菜肴在色、香、味、形等方面应达到一定质量要求，食品卫生须符合严格的标准，逢年过节要体现节日气氛。

（2）员工宿舍。宿舍是员工学习、休息和生活的重要场所，为了让员工以更好的精神面貌迎接工作，餐饮企业应逐步改善员工的住宿条件，对员工宿舍实行公寓化管理。

（3）员工浴室和卫生间。为员工提供舒适、清洁的浴室和卫生间是满足员工正常生理需求和保证服务质量的必要措施。

2. 安全需求分析

安全需求在马斯洛需求层次理论中属于第二个层次。员工虽然很熟悉工作环境，不大可能产生初来乍到时的不安全感，但他们的安全需求仍然存在。员工的不安全感主观表现在以下四个方面：

（1）新员工的恐惧感。员工如果尚在适用期内，可能会担心试用不合格而遭到辞退。

（2）对严格的制度感到担惊受怕。《员工手册》中的相关规定及其他规章制度不免令员工感到担忧，怕违纪、怕被罚款、怕被除名。

（3）对人身安全的担忧。工作时间不确定，员工害怕下班晚，单独回家不安全。

（4）对健康的担忧。有些员工过于劳累，工作量很大，严重影响到员工的身心健康。

员工存在上述心理是很容易理解的，厨房管理人员应在措施上、制度上、组织上尽早让员工熟悉工作环境、规范和程序，尽可能消除产生不安全感的一切因素，并且从思想上、工作上、生活上对员工多加关心，多给予指点，与员工家属保持联系，以取得他们的支持和配合。餐饮企业还应加强员工劳动安全教育，采取有效的保护措施，可根据条件为半夜下班的员工解决住宿问题。

3. 社交需求分析

餐饮企业员工的社交需求是指员工渴望在企业里获得友情，希望与同事精诚合作，和睦相处，并盼望成为某个组织的成员。

组织各种活动是满足员工社交需求最普遍而且最有效的手段。员工具有社交需求，这对管理餐饮企业而言是件好事，因为通过满足他们交友的需求，可起到增强企业凝聚力的重要作用。

4. 尊重需求分析

在餐饮行业中，强调"顾客就是上帝"。在对客服务中，员工应尊重客人，但服务业的性质决定了餐饮企业不能要求客人也把员工当上帝看待，在餐饮企业工作的员工显然不能与客人"平起平坐"，无法保证每个客人都尊重自己。但这并不意味着员工要求获得尊重是不合理的，员工是有尊重需求的。员工的尊重需求应在以下三个方面得到满足：

（1）领导对员工的尊重。管理者的职能之一就是为员工服务，因此领导应尊重员工。领导尊重员工不只是口头上的，还需要在工作及生活中尊重员工的人格、知识、才能和劳动。

（2）员工之间的相互尊重。餐饮企业要形成相互尊重的风气。年长者应尊重青年人的机智、活泼和热情，青年人则应尊重年长者的稳重、经验和知识。

（3）来自客人的尊重。尽管餐饮企业不能明文规定客人必须尊重员工，但员工凭借娴熟的服务技能和良好的服务态度往往都能赢得客人的尊重。

5. 自我实现需求分析

自我实现需求是最高层次的需求。拿破仑说："不想当将军的士兵不是好士兵。"在餐饮业管理领域则可以说："不想当总经理的员工不是好员工。"目前，餐饮行业的总经理中的确有不少人是从服务员或厨工做起的。他们经过不懈努力，克服种种困难，终于做到餐饮企业的管理者，这正是他们自我设计与自我实现的结果。餐饮企业员工以青年人居多，他们胸怀大志，不甘于现状，愿为社会多做贡献，这种积极向上的精神正是社会前进的动力，也是餐饮企业发展的动力，是餐饮企业一笔宝贵的财富，应爱惜、保护。

二、激励员工士气的六种方法

激励是调动厨房人员积极性的主要方法之一。人的行为需要激励，通过恰当而有效的激励，能唤起员工潜在的行为动力，能获得意想不到的积极效果。

1. 需求激励

需求激励是企业中应用最普遍的一种激励方式。厨房管理人员要按照每一个员工的需求状况，选用适当的动力因素来进行激励。管理者在采用激励手段时，要注意处理好物质激励与精神激励两者之间的关系。但是，要注意把物质奖励和员工的工作成绩、工作表现以及努力程度很好地结合起来，搞平均主义、吃大锅饭就会使物质奖励失去应有的激励作用。

2. 目标激励

心理学家研究表明，激励要有一个目标，利用振奋人心、切实可行的奋斗目标，可以达到激励的效果。目标管理方法促使每一位员工关心自己的企业。目标体系包括企业目标、部门目标和个人目标。在确定目标时，应注意目标的难度与期望值，目标过高或过低都会降低员工的积极性。需要注意的是，在制定目标时一方面要根据企业的特点切合工作实际，另一方面要对工作目标的执行情况进行监督，对违反工作目标的行为要加以纠正，必要时要进行惩罚。管理者要清楚，制定目标是为了激励员工，是为了激发员工努力工作的热情。

3. 情感激励

人对事物的认识和行动都是在情感的影响下而完成的，因为人非草木，孰能无情，情感激励是针对人的行为最直接的激励方式，感情联系是无形的，它不受时间、空间限制，与有形的物质联系相比较，能产生作用更为持久的效应。情感激励的正效应可以焕发出惊人的力量，使员工自觉地努力工作，而负效应则会大大地影响员工的工作情绪。情感激励的关键是管理者必须用自己的真诚去打动和征服员工，真正尊重、信任和关怀员工。管理者对下属员工的爱护、关心和体贴越深、越周到，越有利于在企业里形成和谐的气氛，使员工热爱自己所处工作的环境。一个好的管理者应具有用饱满的激情感染员工和激发员工工作热情的能力。

4. 信任激励

厨房管理者充分信任员工并对员工抱有较高的期望，员工就会充满信心。员工在受到信任后，自然会产生荣誉感，增强责任感和事业心。这样的员工愿意承担工作，更愿意承担工作责任，同时也愿意在自己工作和职责的范围内处理问题。对这样的员工，应明确责、权、利，即使各项工作的标准定得稍高一些，他们也会通过努力工作去设法完成。他们希望在完成任务时遵循规定的程序和标准，不希望管理者过多地干涉他们的工作。如果管理者紧抓权力不放，将使下级感到领导对自己不信任，从而影响其工作积极性。管理者在用人方面必须做到"用人不疑，疑人不用"。厨房管理者应信任下属，使下属感知到领导的信任，满足其成就欲，以达到激发员工工作热情的目的。

5. 榜样激励

榜样是实实在在的个人或集体，显得鲜明生动，比说教式的教育更具有说服力和号召力。榜样容易引起人们感情上的共鸣，给人以鼓舞、教育和鞭策，激起他人模仿和追赶的愿望。这种愿望就是榜样所激发出来的力量。在运用榜样激励时，要注意所树立的榜样必须具有广泛的群众基础，真正来自群众。另外，企业管理者的行为本身就具有榜样作用，领导者自身无时不产生着一种影响力，其工作态度、工作方法、性格甚至言谈举止都会给下属以潜移默化的影响，作为管理者应注意树立自身的良好形象，成为有效激励员工的榜样。

6. 惩罚激励

惩罚激励通过对员工的某些行为予以否定和惩罚，使之减弱、消退，从而消失，以达到激励员工的目的。管理者利用恰如其分的批评、惩罚手段，使员工产生一种内疚心理，以消除消极因素，并把消极因素转化为积极因素。惩罚激励要注意以事实为依据、以制度为准绳来处理，要对错误的性质进行分析，不能以个人的好恶来评价一个员工的行为，要做到制度面前人人平等。对事不对人，要在批评惩罚的同时进行细致的观察，发现有好的表现要及时表扬，这样就会使那些被惩罚的员工感到领导不是在有意为难自己。处理情况最后与被处理者本人面谈，以免造成"冤假错案"，否则不但起不到激励的作用，反而还会造成"怨情"，影响员工积极性的发挥。

以上谈到的只是激励的几种基本方式，在实际工作中，激励并没有固定的模式，需要厨房管理者根据具体情况灵活掌握和运用。

三、员工激励的九大原则

"你可以把马儿牵到河边，但你不能强迫它喝水。"这句谚语也适用于餐饮企业厨房人员管理。马要喝水，除非它自己愿意，否则谁都不能逼迫它。激励员工士气的道理也一样。因此，厨房管理者在进行激励时需要遵循一定的原则。

1. 所有人都可以被激励

每个人身上都有可被激励的因素，只是没有机会被激励而已，厨房管理者的作用就是创造机会，激发员工努力达成企业目标。

2. 人是为自己工作，而不是为了别人工作

厨房管理者要让员工看到，他们为企业付出努力，会得到相应的回馈。这些回馈可以是奖励，也可以是认同，还可以是成就感。

3. 有效沟通的关键是认同

当厨房管理人员开始站在员工的角度去理解他们，正面的循环就会开始。不能一味否定员工的感受，还要让员工了解企业的诚意，但这些并不够，让员工找到说服自己为企业效力的理由也是非常重要的。

4. 要想让员工为企业打拼，应从关心员工开始

餐饮企业应真心关照员工的生活，认真解决员工迫切需要解决的问题。如果厨房管理者愿意花时间倾听员工的心声，就会听到意想不到的故事，包括他们的困难与担忧。

5. 自尊自爱是强而有力的激励

经营餐饮企业的秘方就是让员工懂得自尊自爱。这是一种健康的心理状态。员工只有先尊重自己，才能得到顾客的尊重和喜爱，从而更加喜欢自己的工作。如果员工不喜欢他们的工作，顾客也会跟着转身离去。

6. 从改变人的行为入手

想要改变别人的行为，需要的不只是训练，而是教育，要从影响人的想法与信仰着手。

7. 管理者与员工的认知要协调

我们习惯依照所了解的信息做事，但是了解到的信息并不仅限于听到的部分。举例来说，员工期待主管每个月都能发放绩效奖金，而不是年终领取一大笔。若管理者采用年终奖金的形式，即使发了奖金，员工受到的激励程度也会大打折扣，因为双方的认知不协调。

8. 对于员工的正确行为要给予正向强化

员工会依照管理者所期待与强化的行为做事，餐饮企业对于员工的良好表现要有所鼓励。同样，如果员工了解某些特定行为不会受到肯定，他们就会调整自己的行为模式。

9. 客观看待员工的失当行为

如果我们做了不被别人接受的行为时，通常会倾向于为自己找借口。譬如，管理者很容易将员工的迟到归因于不负责任，或是对工作不感兴趣。但是，当管理者自己迟到时，就会为自己找"被必要事情"耽误的理由。如果员工出现失当的行为，切忌猜测员工的动机，而应该面对问题，解决问题，透过正向或负向的反馈来影响员工。

课后习题

一、名词解释

1. 厨房组织结构
2. 厨房承包制工资
3. 岗位职责书
4. 绩效考核
5. 厨房日考核
6. 士气

二、填空题

1. 要有出色的出品，酒店厨房就必须拥有一支组织科学、技术过硬的_____。

2. _____是原料进入厨房的第一生产岗位。

3. _____是衡量和评估每个员工工作状况的依据，是岗位间沟通和协调的依据。

4. 岗位权利是针对管理岗位设立的一项内容，按照层次管理的原则，对相应岗位的管理人员应该做到_____、_____、_____相统一。

5. _____的招聘是一项长期的、经常性的工作。

6. 确定培训需求后，要分清_____，找出最迫切的培训项目，把它放在培训的_____。

7. 厨房员工绩效考核有助于改善_____和_____的关系。

8. _____作为现代人力资源管理体系中最重要的环节之一，一直是人力资源管理工作者最为关心的内容。

9. 激励的过程要确立目标，并尽可能使员工的目标与＿＿＿＿＿＿及＿＿＿＿＿＿的目标紧密结合起来。

10. ＿＿＿＿＿＿通过对员工的某些行为予以否定和惩罚，使之减弱、消退，从而消失，以达到强化激励员工的目的。

三、选择题

1. 上什是（　　　）餐饮行业出品部里的一个工作岗位。

    A. 粤港　　　　　　B. 川湘　　　　　　C. 江浙　　　　　　D. 闽台

2. 国外餐饮企业一般是（　　　）个餐位配备 1 名厨房生产人员。

    A. 30～50　　　B. 30～40　　　C. 30～35　　　D. 25～30

3. （　　　）可以快速淘汰不合格人员，控制应聘者的数量和质量。

    A. 媒体广告招聘　　　　　　　　　B. 网络招聘

    C. 现场招聘会　　　　　　　　　　D. 猎头公司招聘

4. 月考核应做到奖惩兑现，要求是（　　　）。

    A. 及时　　　　　　B. 充分　　　　　　C. 公开　　　　　　D. 缓慢

5. 厨房员工年度（半年）绩效考核要求做到（　　　）。

    A. 认真细致　　　B. 直接见面　　　C. 操作考核　　　D. 结论要确切具体

6. 生理需求是马斯洛需求层次中第（　　　）层次的需求。

    A. 一　　　　　　　B. 二　　　　　　　C. 三　　　　　　　D. 四

四、判断题

1. 厨房面积、结构、功能、管理风格等的不一致，决定了各酒店、酒楼厨房的组织结构也是不尽相同的。（　　　）

2. 普通干货原料的涨发、洗涤、处理不属于初加工范畴。（　　　）

3. 岗位职责书注明直接上司的目的，是使每个岗位人员知道自己应向谁负责，服从谁的工作指令，向谁汇报工作。（　　　）

4. 厨房承包制工资可能会造成厨师长"一手遮天"及克扣员工工资的现象。（　　　）

5. 校园招聘能够吸引众多的潜在人才，他们职业化水平高，流失率较低。（　　　）

6. 随着人们生活水平提高，优厚的薪水已不再是企业调动员工积极性的唯一手段。（　　　）

7. 厨房考核规则基于不断提高员工工作责任心、敬业精神、出品和管理质量而定，并非一成不变。（　　　）

8. 管理者充分信任员工并对员工抱有较高的期望，员工就会骄傲自满。（　　　）

五、简答题

1. 简述现代厨房各岗位设置的原则。

2. 现代厨房员工招聘渠道有哪些？

3. 简述现代厨房员工培训的作用。

4. 在进行厨房管理过程中，为什么要对厨房员工进行绩效考核？

模块四

现代厨房生产原料管理

知识目标：

▶ 1. 了解原料采购的四大原则。
2. 了解原料采购的五种方式。
3. 掌握原料验收的程序。
4. 掌握原料领用发放的三个原则。
5. 掌握仓库盘点的两种方法。

能力目标：

▶ 1. 能对原料的采购价格进行控制。
2. 能根据所学知识制定原料验收标准。
3. 能运用永续盘存卡管理仓库原料。
4. 能够准确填写原料调拨单。

厨房生产原料的采购、验收、储存、领发、库存盘点对厨房的运营起着相当大的作用。原材料的正常使用与运转，能保证厨房的正常生产，保证餐饮企业盈利。

单元一　原料采购管理

烹饪原料采购工作是厨房原料管理的首要环节，采购管理是为了确保给厨房提供适当数量、质量符合一定规格标准且价格合理的烹饪原料。原料采购管理水平的高低，对于厨房生产的正常进行有着重要的影响。优质的原料是菜品质量的重要保证之一，如果原料采购的数量、质量和价格不合理，将使产品成本大幅度提高，甚至会使餐饮企业失去市场，造成经营失败。

一、原料采购的四大原则

1. 采购恰当的原料

这一原则是指应购买厨房生产能用、适用且不浪费的原料。

2. 采购适合的数量

这一原则是指购进的原料数量要满足生产的需要。数量过多会增加保管成本和负担，造成浪费；数量不足则会给合理安排厨房生产增添麻烦，影响出品。

3. 支付合理的价格

这一原则是指采购原料的价格要恰当，既不能一味追求高档原料，也不能过分追求便宜的低档原料。为避免影响出品质量和销售，应做到量力而行。

4. 把握适当的时间

这一原则是指采购进货要在适当的时间范围之内。进货太早，会增加保管工作量，还有可能使原料变得不新鲜，甚至变质；进货过迟，会打乱正常的工作秩序，甚至可能会延误正常出餐。

二、原料采购的五种方式

原料采购的方式多种多样，原料供货市场纷繁复杂，究竟采用何种采购方式并没有固定的模式。选择何种采购方式，取决于厨房生产规模和当地原料市场的情况。

1. 竞争价格采购

竞争价格采购适用于采购次数频繁，需要每天进货的食品原料。餐饮企业厨房绝大部分鲜活原料的采购业务多属于此种性质。采购单位把所需采购的罐装、袋装干货原料和鲜活原料名称及其规格标准，通过便捷有效的方式告知各供货单位，并取得所需原料的报价。一般每种原料至少应取得三个供货单位的报价，餐饮企业财务、采购等部门再根据市场调查的价格，随后选择确定其中原料质量最合适、价格最优惠的供货单位，让其按既定价格、规格，根据每次订货的数量供货。待一个周期（区别原料性质和市场行情，7～15天不等），再进行询价、报价，确定供货单位。这样做的好处是，在比较优惠的前提下，供货单位及原料的规格、价格相对稳定，减少麻烦。不利之处则是有时受固定单位的约束或牵制，缺少灵活性。

2. 无选择采购

餐饮企业有时候会遇到这样的情况：厨房需要采购的某种原料在市场上奇缺，仅有一家单位供货,或者厨房必须得到的某些原料价格非常高。比如,遇到特别高规格的宴会或重要活动时,需要紧急采购的原料就是如此。在这种情况下,餐饮企业往往采用无选择采购的方法,即连同订货单开出空白支票,由供货单位填写。使用此法往往会使餐饮企业对该原料的成本失去控制。因此,只有在不得已的情况下才使用该方法,通常在决定订货之前总得进行一番讨价还价。

3. 成本加价采购

当某种原料的价格涨落变化较大或很难确定合适的价格时,人们往往会使用成本加价法。此处的成本指批发商、零售商等供应单位的原料成本。在某些情况下,供货单位和采购单位双方都把握不住市场价格的动向,于是便采用此法成交。即在供货单位购入原料所花的成本上加一个百分比,作为供货单位的盈利部分。如刚上市的带鱼、螃蟹价格起伏较大,可在供货商收购价的基础上,加价 10% 左右,作为餐饮企业的买入价。对供货单位来说,这种方法减少了因价格骤然下降可能带来的亏损;对采购单位来说,加价的百分比一般比较小,因而也比较有利。采用此法的主要难点是很难确切掌握供货单位的真实成本。因此,餐饮企业使用成本加价采购的次数不可过多。

4. 归类采购

归类采购,即将属于同一类的食品原料、调味品等,集中向同一个供货单位采购。例如,餐饮企业向一家奶制品公司采购所需要的奶制品原料,向一家食品公司采购所需要的罐头食品,向同一个调味品商店购买所有的调味品原料等。这样,餐饮企业每次只需向供货单位开出一张订单,接收一次送货,处理一张发票,极大地节省了人力和时间。其缺点是可能采购的部分原料质量不是同类中最好的。

5. 集中采购

大型餐饮企业或集团公司往往建立地区性的采购办公室,为本公司在该地区的各餐饮企业采购各种食品原料。具体办法是各餐饮企业将各自所需的原料及数量定期上报采购办公室,办公室汇总以后进行集中采购。订货以后,可根据具体情况由供货单位分别运送到各个餐饮企业,也可由采购办公室统一验收,再行分送。此法的优点在于大批量购买,往往可以享受优惠的价格。集中采购便于与更多的供应单位联系,因此有更多的挑选余地。集中采购有利于某些原料的大量储存,能保证各餐饮企业的原料供应。同时,集中采购能减少各餐饮企业采购者营私舞弊的机会。但集中采购也有其不足之处,如各餐饮企业厨房或多或少得被迫接受采购办公室采购的原料,不利于厨房按自己的特殊需要进行采购。由于集中采购,餐饮企业不得不放弃当地可能出现的廉价原料,而且集中采购有使各餐饮企业菜单趋向雷同之虞,各餐饮企业自行修改菜单的能力也受到限制,不利于餐饮企业标新立异,不利于创造自己独特的风格。

以上几种采购方式,各餐饮企业应根据自己的档次、规模、隶属形式、业务特点、市场条件等因素选择或综合使用。

三、原料采购的八个步骤

厨房原料采购包括原料的订货和购买两层意义。其基本步骤分为以下八步:

（1）原料购买申请。餐饮企业根据厨房规模和实际生产需求，指定订货负责人，可以由总厨师长或加工厨房主管来负责这项工作。订货负责人填写申请购买原料的采购单，报主管部门审批。

（2）主管部门审核原料采购单。主管部门负责人确认签字后，开出订购单，送采购部门。

（3）采购部向供货商订购原料，供货商将原料送至厨房验收。

（4）验收部门根据订单情况验收原料，如供货商不提供送货服务，则由采购部门采运回来交验收部门验收入库。验收人员收到厨房订购的鲜活原料时，应立即通知厨房。

（5）验收部门将供货商的送货单加盖验收凭证，然后通知采购部门。采购部门核实后通知财务部门做好原料结账手续。

（6）供应商与财务部门进行账务结算。

（7）厨房需要使用原材料时，开具领料单向仓库申领原材料。

（8）仓库管理者根据领料单按需发放原材料。

四、严把原料采购质量关

采购人员必须到持有食品卫生许可证的单位采购原料，并向供货方索取产品合格证或质量检验报告单，严把原料采购关。米、面、植物油、酱油、醋五大类食品必须有质量安全标示，并实行定点采购；蔬菜采购做到日进日消，不购"落脚菜""人情菜"所购蔬菜必须新鲜、干净；食品、原料采购实行登记、验收制度，由专人负责验收，交接双方签字确认，验收记录要按月装订保存，以备查验；禁止采购腐烂变质、发霉、酸败、生虫、污秽不洁、掺杂掺假、混有异物或者其他感官性状异常的食品；禁止采购无检验合格证明的肉类食品、乳制品、调味品、饮料等；禁止采购超过保质期及其他食品标签不符合规定的定型包装食品；严格执行有关食品、原料采购管理制度，防止食品污染事故发生。

五、原料采购价格控制

原料采购的价格是影响成本的重要因素。价格控制的方法有以下几种：

1. 规定采购价格或与卖方议价

采购人员通过详细的市场调查，对所需购买的原料规定采购价格，并在一定的价格范围内按限价进行采购。这种方法一般适用于采购周期短，随买随用的新鲜原材料。在购买原料的时候也可以与卖方议价，以较低的价格购买原料。

2. 规定购货渠道和供应商

为了使价格得以控制，许多餐饮企业规定采购部门只能向指定的单位购货，或者只许购置来自规定渠道的原料。因为餐饮企业预先已同这些单位商定了购货价格。

3. 控制大宗和贵重原料的购货权

大宗和贵重烹饪原料的价格是影响厨房成本的主要因素。因此有些餐饮企业规定，由厨房提供大宗和贵重烹饪原料的使用情况报告，采购部门提供供应商的价格，具体向谁购买必须由餐饮企业决策层来决定。

4．改变购货规格

原料的包装有大有小，大批量购买烹饪原料时，应选择大包装的原料，可降低单位价格。

5．根据市场行情适时采购

当某些厨房用量较大的烹饪原料在市场上供过于求，质量符合标准且价格低廉，并有条件储存时，可择机购进，以减少价格回升时的开支。某些原料刚上市，价格日渐下跌时，应尽可能减少采购量，只要满足短期生产即可，等价格稳定时再购买。

6．尽可能减少中间环节

餐饮企业绕开供应单位，直接从批发商、制造商、种植者，或市场直销处采购，往往可获得较优惠的价格。这样既保证了原料质量，又省去了中间环节，有效控制了价格，可谓明智之举。

单元二　原料验收管理

原料的验收管理是指厨房根据生产要求，对供应商所送原料进行检查，对质量合格的原料表示认可和接受。厨房以合理的价格购买所需要的数量与质量的烹饪原料，并不能保证实际到位的原料符合企业要求，因此必须规定相应的验收程序与要求，运用有效的方法、设施和工具，对购回的原料进行监控，使其与厨房的需求一致。

一、原料验收的条件

为了保证验收工作的顺利进行和提高验收工作的效率，除了配备合格的验收人员外，还应具备一定的验收场地和设备等条件。

1．合格的验收人员

原料验收工作应由专职验收人员负责，验收员既要懂得财务制度，具有丰富的原料知识，又要诚实、聪明、细心、秉公办事。在小型餐饮企业，验收人员可由仓库保管员兼任。

2．验收场地

合格的验收场地需要标准的照明和宽敞的空间，以便验收员根据原料的品种、规格辨别原料的新鲜度和质量等级。

3．验收时间

厨房一般将收货时间安排在验收人员上班开始的时间，约定供货商在此段时间内必须将货物送到厨房验收场地。

4．验收标准

验收人员应认真地将供应商发货单上的货物名称、数量等信息与本企业原料订购单和收到的原料进行核对，防止出现单货不符的情况。图4-1为某企业原料验收标准示意图。

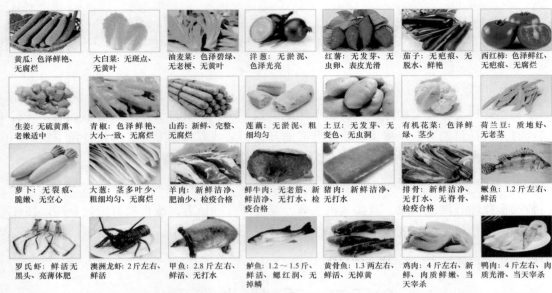

验收要求：1．验收员在收货过程中，必须有厨师协助验收货物；2．严格按照原材料品牌、产地、等级、规格、保质期等标准验收；3．严格对照原材料验收标准收货，对不符合的原材料退货或换货。

图 4-1　某企业原材料验收标准

5．验货工具

验收前准备好厨房和供货商都认可的称量工具。一般情况下，称量重量使用磅秤，特定原料还需要使用尺子、温度计等工具。

6．验收单

验收人员应该充分掌握每天进货的原料名称、数量与送货时间，一份完整且准确的验收单，有助于验收人员做好准备工作，提高工作效率和质量。

二、原料验收的程序

餐饮企业根据自身实际情况确定基本的验收程序和方法，可以使验收工作有条不紊，高效省时。一般来说，基本的原料验收程序分为以下 5 个步骤。

1．审核采购单据与实际货物

验收人员应根据订购单对送货发票（或发货单）与实物逐一核对，检查送货发票上所注明的原料品种、数量、规格及价格是否与订购单相符；同时检查实物原料的品种、数量、质量是否与订购单相符。检查某些实物原料时，还要使用标准采购规格，检验其是否达到规定的质量要求。在验收过程中，应注意以下几点。

（1）凡是以件数或个数为计量单位的原料，应逐一点数，记录实收箱数、袋数或个数。

（2）以重量计量的原料，应逐件过秤，记录净料；某些水产原料还应沥水去冰后称量验数。

（3）对照随货送交的发票，检查发货数量是否与实际数量相符，以及是否与订购单上的原料数量相符。

（4）检查发票价格是否与订货价格一致，发票价格与订货价格不一致的原料应拒收。

（5）未办理订货手续的原料应拒收。

（6）质量未达到要求的原料应拒收。

（7）必须经卫生检疫而未经检疫或检疫不合格的原料应拒收。

（8）原料要求冻结状态送货的，送达时已化冻变软的原料应作为不合格原料拒收。

（9）对于质量和数量有疑问的原料，应及时上报管理部门酌情处理。

2．妥善处理拒收原料

对于质量、数量或价格不符合要求而拒收的原料，验收人员应填写原料退货通知单（见表4-1），注明拒收理由，并请送货员签字认可。原料退货单一式三联，第一联交采购部，第二联交财务部，第三联交供货商。

表4-1　原料退货通知单

供货单位：_____　发票号码：_____　开具发票日期：_____　验收日期：_____　编号：_____

原 料 名 称	数　　量	单　　位	单　价	验货结果与拒收理由

送货员：_____　　　验收员：_____　　　财务经理：_____

3．按章受理合格原料

验收人员确定所验收的原料价格、质量、数量全部符合订购单后，可填写原料验收单（见表4-2）。原料验收单一式四联，第一联交采购部，第二联交厨房，第三联交财务部，第四联由供货商保管。

表4-2　原料验收单

供货单位：_____　　　验收日期：___年___月___日　　　编号：_____

原 料 名 称	数　　量	单　　位	单　价	金　额

送货员：_____　　　验收员：_____　　　财务经理：_____

4．分类发放

验收合格的原料可分为两大类：一类是直接发送到厨房立即投入生产的原料，一般称为"直接采购原料"或"直拨原料"，这类原料成本在验收时直接记入厨房成本；另一类是验收后发送到库房的原料，一般称为"库房采购原料"或"入库原料"。这类原料只是在领用时才记入厨房成本。"直接采购原料"多属鲜活易腐原料，常常需要每日采购、立即使用，因此应即时分发至厨房或通知厨房领回。"入库原料"应在包装上注明进货日期、价格、供货单位等信息，有时也可用货物标牌，以便盘存和领发料。"入库原料"应按库存要求合理放置，这类原料一般包括罐头、干货、调味品等不易腐坏的原料。

5．完成相关报表

验收人员验收原料后，还要填写"验收日报表"或"进货日报表"，并连同发票及有关单据一起及时送交财务部，进行登记结算。各餐饮企业的验收日报表格式差异较大，但其主要内容与基本要求是相同的。验收日报表主要包括以下内容：

（1）供应商名称与发票号。

（2）货品名称、数量、单价及金额。

（3）货品发送处及发送货品总金额。

单元三　原料储存管理

原料库的作用是对原材料进行储存，以保持适当数量的原料从而满足生产需要。原储存管理主要通过科学的仓库管理手段和措施，保证各种原料的数量和质量，尽量减少自然损耗。管理人员首先应当制定有效的防火、防盗、防潮、防虫害等管理措施，防止原料流失。

一、储存的位置与环境

1．储存位置

储存区最好设在距离验收处和使用部门都较近的地方，并有货车或小推车可以自如通行的通道，以确保方便快捷地存放货物和领发料。同时还要保证储存区的安全。一般来说，餐饮企业在设置储存区时应确保储存发料迅速，可有效减小劳动强度和工作量，并且有利于储存区安全管理。

2．储存环境

储存的货物都应放在货架上，而不能直接堆放在地上。货架底层离地不应低于 10 厘米，以便于空气流通和清扫。货架、货物不宜紧贴墙壁，至少离墙 5 厘米。货架与货架之间要留出足够的间隔，以便人员和运料小车能够通行，主要通道不窄于 70 厘米，货架底层可存放体积大、重量重的货物；货架高层放置用量小、使用频率低且体积、质量都较小的货品。图 4-2 为某餐饮企业调料仓库。

生产原料的储存除需要适宜的温度条件之外，盛装容器也非常重要。食品原料不能直接接触货架，必须要有密封性的外包装或放于密封性容器中。对于那些装在非密封性包装物中的原料，应根据实用的原则转移到密封、防潮的容器中。图 4-3 显示了某餐饮企业仓库中的密封容器。

图 4-2　某餐饮企业调料仓库

图 4-3　某餐饮企业仓库中的密封容器

二、货物的存放要求

为方便货物入库和领发料，提高餐饮企业储存管理的效率，库房内货物存放的位置安排要合理，一般应满足以下要求。

1. 存放位置固定

同类货品应放在同一个位置，且位置相对固定，以避免因货品乱放而被遗忘，导致原料变质、丢失或过量采购。若条件允许，不同类别的原料应尽可能储存在不同的容器中。对于进口货物，由于其品名对不熟悉产地国语言的员工来说是生疏的，因而最好能对这些货物编号，以便管理。库房内应有一张标明各类物资及原料储存位置的平面图，以便管理员查找，尤其便于新员工熟悉原料的存放位置。

2. 使用货物标牌

使用货物标牌应注意保证先入库的原料先使用，这种库存原料的循环使用方法称作"先进先出法"。因此，应将新到的原料放在先入库原料的后面，以保证以前先入库的原料能先被领用。可以用货物标牌来区分不同批次购的原料，即在货物标牌上注明进货时间、单价及供应商等情况，供管理员发料时参考，同在盘点时也可根据各类原料的进货时间，提醒生产部门及时使用。

3. 确定存放位置

在安排货品存放位置、对库房进行整体布局时，要考虑原料被使用或领用的频率，通常将最常被领用的原料放在尽可能靠近出口之处或方便拿取的地方。为减小劳动强度和节省搬运时间，重的、体积大的原料应放在低矮处并靠近通道和出入口。

三、用好永续盘存卡

"永续盘存制"又称"账面盘点制"，是指企业设置各种有数量、有金额的存货明细账，根据有关出入库凭证，逐日逐笔登记材料、产品、商品等的收发领退数量和金额，随时结出账面结存数量和金额。采用永续盘存制，可以随时掌握各种存货的收发、结存情况，有利于存货的各项管理。

为了核对存货账面记录，永续盘存制亦要求进行存货的实物盘点。盘点可定期或不定期进行，通常在生产经营活动的间隙盘点。会计年度终了，应进行一次全面的盘点清查，并编制盘点表，保证账物相符。如有不符，应及时查明原因并及时处理。在实际中，存货的核算一般采用永续盘存制。但不论采用何种方法，前后期应保持一致。采用这种盘存制度，要按资产项目设置明细账，对各类资产收发、结存数量予以记录。表4-3为永续盘存卡。

永续盘存制计算公式为

期末结存数 ＝ 期初结存数 ＋ 本期增加数 － 本期减少数

表4-3　永续盘存卡

物品名称：生抽	规格：500毫升	单位：瓶	最高库存量：70	最低库存量：20
日　　期	订　单　号	进　货　量	发　货　量	现　存　量
2020年8月10日	GX234	40	20	60
2020年8月13日	—	—	35	25
2020年8月17日	GX235	50	30	45
2020年8月21日	—	—	10	35
……				

四、日常管理制度

1．"四禁"制度

"四禁"制度的主要内容包括，禁止无关人员入库，禁止在库内为个人存放物品，禁止在库房吸烟、饮酒，禁止危险品入库。

2．"四不"制度

"四不"制度是指采购人员不得购买腐坏变质的食品原料，库房人员不收腐坏变质原料，生产人员不用腐坏变质原料制作食品，销售人员不销售腐坏变质的食品。

3．"四隔离"制度

"四隔离"制度是指在食品原料保管、储存过程中坚持生、熟隔离，成品与半成品隔离，食品与非食品隔离，食品与天然冰隔离，以预防食品污染和食物中毒。

4．"三先一不"制度

"三先一不"原则是指在食品原料出库管理中坚持先买进先出、易腐易变质的先出、有效期短的先出、腐坏变质的不出（并及时报损处理）。

5．"三防"制度

库房管理应做好防火、防盗、防毒工作。进入库房的人员不得携带火种、易燃品、手提袋等，并应办理有关入库手续，库房范围及库房办公室不得会客，其他人员不得在库房围聚闲聊，每月定期检查防火、防盗、防毒设施，以确保库房安全。

单元四　原料领发管理

原料的领用与发放是原料管理的重要环节，对于生产成本的控制有着重要意义。加强领发料管理有利于保证厨房及时获得所需的原料，使生产能顺利进行，有利于控制生产的用料数量，有利于正确记录生产成本和原料库存量。

一、领用发放的三个原则

1．原料要定时发放

仓库保管人员应有充分的时间整理仓库，检查各种原料的库存及质量情况，同时为了促使厨房、餐厅加强用料的计划性，对原料的发放必须规定时间，定时发放。

2．原料发放要履行必要的手续

为了记录每一次发放原料的数量及其价值，以便正确核算厨房、餐厅的成本消耗，仓库原料发放必须坚持凭原料领用单发放的原则。原料领用单应由厨房、餐厅领料人填写，由厨师长或其他有审批权限的人员签字核准，然后送仓库领料。仓库保管人员凭单发料后应在单上签字。原料领用单一式三联，一联随原料交回领用厨房、餐厅，一联由仓库转交财务部，一联由仓库留存。仓库发货人员要坚持没有原料领用单不发货，原料领用单没有审批人签字、有涂改痕迹、字迹不清晰也不予发货的原则。

3. 正确计价

仓库发货人员根据领料手续做好原材料发放记录和存货记录。当日发货时间过后，仓库保管人员必须逐一为原料领用单计价，并及时转交食品成本控制人员，以保持库中原料与账卡相符，协助做好厨房成本控制工作。

二、领用发放的三个注意事项

1. 增强原料领用的计划性和审核的严肃性

要将每次领料的数量，控制在尽可能少而不妨碍正常生产的范围之内，努力缩减厨房备用原料。这样才能比较准确地反映厨房每日成本消耗。对名贵原材料的申领，更要按计划补充，加强审核力度，控制存货，防止因无序领用原料，导致成本计核的大起大落。

2. 把好领用原料质量关

在向仓库申领原料时，要确保领用的原料质量优良。注意检查原料是否已过保质期、是否存在腐烂变质等现象。有保质期的原材料需要在保质期内使用；对于无期限的原料，则要求在其感官性能良好的时候尽早使用。

3. 坚持对原料使用情况进行复核

厨房工作是比较繁杂的，领料人员要做好登记，确保原料得到合理使用，没有产生浪费等情况。仓库管理员也必须定期对原料使用情况进行复核。

三、原料调拨单

大中型餐饮企业往往会有多个厨房，各厨房分为很多个工作部门。由于业务需要，厨房与厨房之间、厨房与酒吧之间、酒吧与餐厅之间会发生食品原料的相互调拨。为了更准确地核算厨房的原料成本，厨房管理者应使用"原料调拨单"。原料调拨单一式四份，原料调入调出部门各留一份，一份送交财务部门，一份则由仓库留存，以便使各部门原料使用情况得以正确地反映在账面上。表4-4为原料调拨单。

表4-4 原料调拨单

调出部门：＿＿＿＿ 调出部门主管：＿＿＿＿ 发货人：＿＿＿＿ 发货日期：＿＿＿＿
调入部门：＿＿＿＿ 调入部门主管：＿＿＿＿ 收货人：＿＿＿＿ 收货日期：＿＿＿＿

原 料 名 称	数 量	单价（元）	金额（元）

金额合计：

单元五　原料库存盘点

对库存原料定期盘存点数是餐饮企业进行原料管理的一项重要措施。其目的是全面清点库房及厨房的库存物资，检查原料账面记录数与实际储存数是否相符，使企业能核算当期期末库存额和厨房成本消耗，为编制有关财务报表提供依据。盘点工作一般每月进行一次，通常是月末由财务部工作人员与采购部或使用部门指定人员一起进行。

一、仓库盘点的两种方法

1．实地盘存制

实地盘存制又称定期盘存制，是指期末通过现场实物的盘点来确定存货数量，并据以计算期末存货价值和耗用成本的一种盘存法，通常又称为"以存计耗"。由于采用这种盘存方法，平时对库存原料只记购入或收进，不记发料，期末通过实地盘点确定存货数量，据以计算期末存货价值和当期耗用（或销售）成本。因此，其最大优点是简化了库存原料的日常核算工作；但其缺点也是显而易见的，即不能正确反映当期餐饮成本，掩盖了库存管理中出现的自然和人为损耗因素，造成库存原料成本不真实，不能准确反映当期餐饮企业的生产经营状况。由于上述缺点，实地盘存制一般仅适用于那些价值低、品种杂、耗用频繁以及某些损耗大、数量不稳定的鲜活原料。

2．永续盘存制

采用永续盘存制要求库存原料明细账按每一品种规格设置，在明细账中要随时登记收入、发出、结存数量与金额。有了库存原料明细账，一方面可以同库存原料分类账相核对，即账账相对，增强核算的正确性；另一方面也方便库存原料的管理与控制。

二、厨房盘点很关键

1．厨房盘点的原因

由于每天从验收处直接发送到厨房的原料以及厨房从库房领用的原料不可能一天之内全部消耗完，同时厨房中常常会有部分未加工完的半成品和未销售完的成品，因此许多酒店餐馆，尤其是大中型企业的厨房中经常结存价值量较大的原料。如果对这些结存原料不加清点，就会使厨房储存原料的管理失控，同时使各种财务报表上反映的资产状况、经营情况和成本消耗失真，因而必须对厨房进行盘点。

2．厨房盘点的难点

同库存原料盘点相比，厨房储存原料的盘点相对困难一些，这主要是由于以下几个原因引起的。首先，厨房储存的原料种类多、数量少，许多不便于计量；其次，厨房储存原料使用频繁，大部分原料都没有使用货品标牌或原料库存卡，结存原料难以准确计价。

3．厨房盘点的方法

现在，大多数企业在厨房盘点时，对价值较大的主要原料进行逐一点数、称量并计算出其结存价值；对类别多、价值小的原料只是毛估一下，然后得出厨房结存原料的价值。当然，也可在每期期末只对主要原料（一般是肉类、禽类、水产类和特殊调料）进行盘点，计算其价值，然后根据主要原料在厨房全部库存原料中所占的百分比，估算整个厨房全部原料的库存额。采用这种方法计算厨房结存原料的价值，需要餐饮企业先盘点主要原料并计算其价值，

再计算主要原料占全部结存原料价值的百分比。其计算公式为

厨房原料结存总额＝主要原料结存价值／主要原料占全部结存原料价值的百分比

三、库存差异及控制

通过盘点可知道库存原料的结存数量，再按照规定的计价方法即可计算出当期期末库存原料的实际库存额。为检查库房管理工作的有效性，进一步加强库房管理工作，需将实际库存额与账面库存额做比较。在理想条件下，二者金额应该相同，但通常两者之间会有差异。通常将当期实际库存额与账面库存额的差异称为库存差异，将库存差异与当期发料总额的比值称为库存差异率，以反映库存差异的相对大小。其具体计算公式为

期末账面库存额＝期初库存额＋本期库房采购额－本期库房发料总额

库存差异＝账面库存额－实际库存额

库存差异率＝（库存差异／本期发料总额）×100%

其中，期初库存额由上期期末库存额结转而来；本期库房采购额由本期验收日报表的库房采购原料的总额汇总而来；本期库房发料总额从本期领料单上的领料总额汇总而来。根据国际惯例，库存差异率一般不应超过 1%，如果超过 1%，管理人员必须认真分析，查明原因。

课后习题

一、名词解释

1. 成本加价采购
2. 永续盘存制
3. 实地盘存制
4. 原料调拨

二、填空题

1. 烹饪原料采购工作是厨房原料管理的_____环节。

2. 采购人员必须到持有食品卫生许可证的单位采购原料，并向供货方索取_____或_____，严把原料采购关。

3. 凡是以件数或个数为计量单位的原料，应逐一_____。

4. 原料库的作用是对原材料进行储存，以保持适当数量的原料从而满足_____。

5. 库房管理应做好_____、_____、_____工作。

6. 为了记录每一次发放的原料数量及其价值，以便正确核算厨房、餐厅的成本消耗，仓库原料发放必须坚持_____的原则。

7. 盘点工作一般_____进行一次，通常是月末由财务部工作人员与采购部或使用部门指定人员一起进行。

8. 通过盘点可知道库存原料的结存数量，再按照规定的计价方法即可计算出当期期末库存原料的_____。

三、选择题

1. 竞争价格采购一般每种原料至少应取得（　　）个供货单位的报价。

    A. 三 　　　　　　B. 四 　　　　　　C. 五 　　　　　　D. 六

2. 成本加价采购，可在供货商收购价的基础上，加价（　　）左右，作为餐饮企业的买入价。

    A. 10% 　　　　　B. 15% 　　　　　C. 20% 　　　　　D. 25%

3. 酒店仓库设置，货架与货架之间要留出足够的间隔，以便人员和运料小车能够通行，主要通道不窄于（　　）。

    A. 70 厘米 　　　B. 80 厘米 　　　C. 90 厘米 　　　D. 100 厘米

4. "四隔离"制度是指在食品原料保管、储存过程中坚持（　　）。

    A. 生、熟隔离 　　　　　　　　　　B. 成品与半成品隔离

    C. 食品与非食品隔离 　　　　　　　D. 食品与天然冰隔离

5. 仓库管理"四禁"制度的主要内容包括（　　）。

    A. 禁止无关人员入库 　　　　　　　B. 禁止在库内为个人存放物品

    C. 禁止在库房吸烟、饮酒 　　　　　D. 禁止危险品入库

6. 根据国际惯例，库存差异率一般不应超过（　　）。

    A. 4% 　　　　　　B. 3% 　　　　　　C. 2% 　　　　　　D. 1%

四、判断题

1. 原料采购管理水平的高低，对于厨房生产的正常进行没有直接影响。（　　）

2. 实地盘存制的最大缺点是使库存原料的日常核算工作难度增加。（　　）

3. 进入库房的人员可以携带火种、易燃品、手提袋等。（　　）

4. 仓库保管人员应有充分的时间整理仓库，检查各种原料的库存及质量情况。

    （　　）

5. 采用永续盘存制，可以随时掌握各种存货的收发、结存情况，有利于存货的各项管理。（　　）

6. 食品原料验收工作应由专职验收人员负责，验收人员要懂得财务制度，具有丰富的食品原料知识。（　　）

7. 原料的验收管理是厨房根据生产要求，对供应商所送原料进行检查，对质量合格的原料表示认可和接受。（　　）

8. 采购恰当的原料是指应购买厨房生产能用、适用且不浪费的原料。（　　）

五、简答题

1. 简述原料采购的四大原则。

2. 原料采购价格控制的方法有哪些？

3. 简述原料验收的程序。

4. 原料储存日常管理中应遵守哪些制度？

5. 简述领用、发放原料的三个注意事项。

模块五

现代厨房菜点生产管理

学习目标

知识目标：

▶
1. 了解原料初加工的四个要求。
2. 熟悉切配常用的三种表格。
3. 熟悉烹调管理的两种表格。
4. 了解菜点质量管理的五个概念。
5. 掌握原料初加工、切配、烹调等环节的各节点。

能力目标：

▶
1. 能对切配的数量与质量进行管理。
2. 能进行菜点质量感官评价。
3. 能利用质量管理途径及方法对菜点质量进行管理。
4. 能正确指导厨房进行生产实践。

生产管理是厨房管理的重中之重。厨房菜点生产工艺的差异性与菜点的特殊性决定了厨房生产过程的复杂性。不同的菜点在生产过程的各个阶段，有着不同的工序、标准与要求。针对不同生产阶段的特点与质量，制定合理的操作标准与操作程序，及时灵活地对生产过程中出现的问题加以协调督导，是对厨房生产进行有效管理的主要工作。

单元一　原料初加工阶段管理

原料初加工是菜点制作的第一个环节，包括：对鲜活原料进行宰杀、洗涤和初步整理；对干货进行涨发；对蔬菜进行拣洗、削剔等加工。通过初加工取得一定形状的净料，以供进一步加工使用。

一、原料初加工的四个要求

初加工品质的优劣直接影响到成品的品质标准、营养卫生和成本高低，原料初加工的四个要求如下。

1. 保证原料的清洁卫生

初加工的首要目的就是清洁。首先，必须保证场地、用具以及工作人员的卫生清洁。其次，根据原料的状况，认真仔细地去除不宜食用的部分，做好去皮、去籽、去老根、清除杂物、防治污染等工作，确保制作用原料清洁卫生。

2. 保持原料的营养成分

保持原料的营养成分也是初加工时要注意的一个问题，如果方法不当，原料营养成分就会受到一定程度的损失。为了保证原料的营养成分不流失，需遵循一些加工要求。蔬菜一般先洗后切，可避免减少水溶性维生素的流失；蔬菜洗净污秽物质后，有些需要在清水中浸泡一段时间，以去掉残留在蔬菜表面的农药等，但浸泡时间不宜过长，以免营养素流失；动物性原料洗涤时必须用冷水，避免动物性原料中含氮物质和水溶性维生素流失。

3. 原料符合切配、制作的要求

初加工是为切配和制作服务，因此，在初加工过程中要求原料完整、形态美观，符合切配和制作的要求。保证原料规格的统一性，有利于切配和制作。

4. 避免浪费

初加工环节是厨房成本控制的一个重要环节，初加工人员要树立节约意识，并按照出料的标准来加工，避免不必要的浪费。

二、初加工流程六大节点

1. 班前例会

（1）点名。初加工厨师与全体厨房员工一起列队站立，接受厨师长点名。

（2）接受仪容仪表检查。初加工厨师与全体厨房员工一起列队站立，接受厨师长仪容仪表检查。

（3）总结前餐工作情况。初加工厨师与全体厨房员工听取膳食经理和厨师长对上一餐各班组、各岗位作业中存在问题进行的工作总结，并根据餐厅提供的文字信息，对顾客意见进行通报与分析。

（4）布置当餐工作任务。初加工厨师与全体厨房员工听取膳食经理和厨师长布置当餐的工作任务与工作调整。

2．准备各种工具，检查加工原料

（1）上班时间。初加工厨师为保证切配及烹调岗位的正常工作，必须比其他岗位提前上班，一般根据情况，时间可提前 1 ～ 1.5 小时。

（2）工具准备。用于择、削、剔等的刀具与盛放原料的器具放在固定的位置上，便于蔬菜择剔加工时使用，以操作使用方便为标准；将用于带骨类原料初加工使用的，已经过消毒处理的刀、墩、抹布、盛器等用具，放在操作台的固定位置上；将盛放不同种类废弃物的废料桶准备好，放在适当的位置，以便盛放择、削、剔下来的废弃物等。

（3）检验原料。协助值早班厨师持前一天主配厨师开列的原料申购单，到原料仓库领取各种原料及调味料；将领取的蔬菜原料、肉类原料、水产品类原料搬运到初加工间内，分放在各专业分工组的柜案上；按规定的质量标准，对领取的蔬菜、肉类、水产品原料的新鲜度、品质等进行检验，凡不符合质量要求的，一律拒绝领用或退回仓库。

3．五类原料初加工，保证品质

（1）蔬菜初加工。根据不同蔬菜的种类和烹饪规定的使用标准，对蔬菜进行择、削等处理，如择去干老的叶子，削去皮根，摘除老帮等。对于一般蔬菜可按规定的出成率进行择除。将经过择、削处理的蔬菜原料，放到水池中进行洗涤。

（2）肉类初加工。主要是对带骨的排骨等进行斩切，要使用专用的工具，按标准菜谱规定的切割规格进行加工。

（3）活禽初加工。根据活禽种类与制作菜肴的质量标准，对活禽进行初加工处理，包括宰杀、褪毛、去内脏、洗涤，如有特殊的加工要求，则应按特殊的标准进行单独加工，如整鸡出骨等。

（4）鱼类初加工。整鱼的加工应根据鱼的不同种类和菜肴制作的需要，分别进行初加工；鱼头的加工则按去鳃、洗净、斩切等步骤进行，按标准菜谱规定的要求进行处理。

（5）内脏初加工。一般步骤是先摘除内脏上的油脂及污物，将外表冲洗干净，再反过来把里面冲洗干净。

4．水台加工"四必须"

（1）必须确认原料。确认原料的名称、种类、数量；确认点菜单上的记录是否清楚无误；根据点菜单的记录，确认烹制方法与加工要求；确认工作应在 0.5 ～ 1 分钟内完成。

（2）必须按顺序加工。确认工作结束后，按传递原料的排列顺序，对活鲜的水产品原料进行加工。注意，加工时只将原料取出，点菜单不要动，按标准菜谱的加工要求，对原料进行加工处理。

（3）必须核对。原料初加工完毕后，应将加工好的原料放回原来的盛器中，并对盛器中的点菜单进行核对，确认无误后，放置另一侧，等待传递员取走。

（4）必须保持卫生。水台厨师在初加工过程中，要保持良好的卫生状况。各种原料应使用专用料盒盛放，废弃物与其他垃圾随时放入专用垃圾箱内，随手将桶盖盖严，以防垃圾及腥气外溢。料理台面随手用抹布擦拭，墩与刀具也要随时擦拭，以保持清洁。做到每加工一份原料后，全面整理一次卫生。

5．收台"十二清"

（1）清理货架。将用于陈列蔬菜加工品的货架，进行全面整理。

（2）清理余料。将加工好的未使用的蔬菜、肉类、水产品等原料，放入专用料盒内，包上保鲜膜，放在恒温箱内存放，留待下一餐再用。

（3）清理台面。将料盒、刀、墩等清洗干净，用干抹布擦干水，放回货架固定的存放位置或储存柜内，然后将料理台台面及四周用抹布擦拭两遍晾干。

（4）清洗水池。先清除水池内的污物杂质，用浸过洗洁精的抹布内外擦拭一遍，然后用清水冲洗干净，再用干抹布擦干。

（5）清理垃圾桶。将垃圾桶内盛装废弃物的塑料袋封口，取出送公共垃圾箱集中处理，然后将垃圾桶内外及桶盖用清水冲洗干净，用干抹布擦拭干净，用消毒液内外喷洒一遍，不用擦拭，以保持消毒液干燥时的杀菌效力。

（6）清理水沟。由于初加工间的洗涤污水较多，每天必须对水沟进行清理。

（7）清洗地面。先用笤帚扫除地面垃圾，用浸渍过热碱水或清洁剂溶液的拖把拖一遍，再用干拖把拖净地面。

（8）清洗排风设备。保留在初加工间上方的油烟排风罩，是热菜烹调间的辅助性排风设施，由初加工间负责清理卫生。

（9）清理墙壁。初加工间的瓷砖墙壁与玻璃隔断，按自上而下的顺序，先用蘸过洗洁精的抹布擦拭一遍，然后用干净的湿抹布擦拭一遍，最后再用干抹布擦拭一遍。

（10）清洗冰箱与除霜。将恒温箱内所有物品取出，关闭电源，使恒温箱内的冰霜自然解冻，用抹布反复擦拭 2～3 遍，使恒温箱内无污物水渍，再将物品放回原处。

（11）清洗抹布。所有抹布先用热碱水或洗洁精溶液浸泡、揉搓，捞出拧干后，用清水冲洗两遍，拧干后放入微波炉用高火力加热 3 分钟，取出晾干。

（12）清洗卫生工具。初加工间卫生清洁搞完后，把打扫卫生使用的工具一一彻底用清洁剂清洗干净，用清水冲净后控净水，放回指定位置晾干。

6．卫生安全检查与消毒处理

（1）卫生检查。按卫生清理标准进行检查，合格后进行设备安全检查。

（2）安全检查。检查电器、照明设备、通信工具功能是否正常；检查水管、水龙头是否彻底关闭。

（3）消毒处理。初加工间卫生清理及安全检查工作结束后，打开紫外线消毒灯，工作人员离开工作间，照射 20～30 分钟，将灯关闭，然后锁门。由专人将门锁钥匙送交规定的人员，并在登记簿上签字，第二天由值早班人员签字领取。

三、初加工质量与数量

1．原料加工质量

这一阶段的加工质量标准主要包括解冻质量标准、加工数量标准及卫生指标。解冻质量标准应说明原料解冻的条件和程度。加工数量标准主要涉及原料的净料率及涨发率。净料率是指初加工后符合烹调要求的原料重量的比值，净料率越高，原料利用率越高，菜肴单位成本就越低；涨发率则是经涨发后原料的重量与未涨发前原料重量之比，涨发率越高，原料恢复到新鲜状态的程度越高，质感越好，从而间接提高原料的利用率。另外，加工数量标准还包括初加工阶段原料的总体加工数量。

2．原料加工数量

原料的加工数量主要取决于厨房生产菜肴、使用原料的多少。加工数量应以销售预测为依据，以满足生产为前提，留有适当的储存周转量，避免加工过多而造成质量降低。厨房原料加工数量的控制，是厨房管理的重要基础工作。原料加工数量的确定和控制过程如下：

（1）厨房根据下餐或次日预订和客情预测计划加工原料数量。

（2）厨房计算出各类原料需要量，凭单申领或采购。

如果集中加工，由加工厨房收集、分类汇总各配份厨房加工原料，按各类原料出净率、涨发率，推算出原始原料的数量，进而代各厨房向仓库申领或向采购部申购。原料经加工厨房分类加工，继而根据各烹调厨房的预订，进行加工成品原料的分发。这样可较好地控制各类原料的加工数量，并能做到及时周转发货，保证厨房生产的正常进行。

单元二 原料切配阶段管理

原料切配是根据标准食谱，将主料、配料及其辅料进行切制后进行有机的配伍、组合，以供炉灶岗位进行烹调。切配阶段是决定每份菜肴用料及其成本的关键。因此，切配阶段的控制既是保证出品质量的需要，也是经营盈利所必需的重要环节。

一、切配流程九大节点

1．班前例会

（1）点名。

（2）接受仪容仪表检查。

（3）总结前餐工作情况。砧板厨师与全体厨房员工听取行政总厨或厨师长对上一餐各班组、各岗位作业中存在问题进行的工作总结，表扬工作突出的员工，根据餐厅提供的文字信息，对顾客意见进行通报与分析。

（4）布置当餐工作任务。砧板厨师与全体厨房员工听取行政总厨或厨师长布置当餐的工作任务与工作调整。

2．准备工作

（1）工具准备。检查电冰箱、恒温柜运转功能是否正常，若出现故障，应及时自行排除或报修。将前一天消毒过的刀、墩、抹布、各种不锈钢或塑料盒等，放在切配台或原料架上。将洗涤间洗涤干净的菜肴配料盘，放在切配台的适当位置上，以方便使用为准。

（2）取料解冻。主配厨师根据当餐或当天经营的需要，将电冰箱内存放的肉类冷冻原料取出，放在专用的不锈钢水槽内，使其自然解冻。

（3）提取原料。将初加工厨师加工过的原料提取到切配台上。

（4）切制新料。砧板厨师按日常的切料分工，将从初加工间提取的当日新料及解冻的原料，按规定进行原料切割处理，并分别用料盒盛放，然后摆放在原料架上。

（5）取出上餐余料。开餐前30分钟将上一个供餐时段剩余的加工原料取出，经检验确认没有质量问题后，摆放到料架上，与新料区别盛放，在配份时要先用剩余原料。适时取出电冰箱内预先加工好的原料，摆放于原料货架上。

在做准备工作的过程中，要保持良好的卫生状况，废弃物与其他垃圾随时放入专用垃圾箱内，及时将桶盖盖严，以防垃圾外溢。料理台面、墩与刀具随手用抹布擦拭，以保持清洁，并做到每隔20分钟全面整理一次卫生。具体要求是台面无油污，无下脚料、杂物，刀具、墩干爽无污渍。

3. 信息沟通

由于砧板厨师承担整个热菜厨房原料的准备与切配工作，开餐前必须主动与订餐台及海鲜池等部门进行信息沟通，了解当餐及当天宴会的预订餐情况，以便做好充分准备。

（1）了解当餐及当天宴席的预订情况。

（2）了解会议餐预订情况。

（3）了解当天原料的供应情况。

（4）了解前一天各品种的销售数量。

4. 餐前检查

餐前检查的内容包括：检查各种原料是否已经备齐，菜肴配份料盘是否已经备好。

5. 原料切配

（1）接单确认。确认菜单上的名称、种类、数量；确认点菜单上的桌号标识，看是否清楚无误；确认工作应在0.5～1分钟内完成。

（2）按量配份。需要现场切制的原料，立即通知切制厨师切料；按标准食谱规定的配份用量取配原料；凡不符合质量规格的原料一律不用；配份应在1分钟内完成。

（3）配份原料传递。将配份完毕的菜肴原料，按先后顺序放置在配料台的固定位置上，由打荷厨师及时取走；如果属于客人催要或加急的菜肴，应及时通知打荷厨师，优先加工烹制。

（4）展示台样品补充配份。开餐后，由专门的配份厨师随时对餐厅展示柜内陈列的菜肴样品进行跟踪观察，当某种菜肴样品被客人点到取走后，展示柜内不足3份时，应及时按标准菜谱规定的投料规格进行配份，并将配份好的原料装盘，用保鲜膜封好，补充到展示柜内。

6. 退换菜处理

砧板厨师在接到餐厅传来的"退、换菜通知单"后，应立即与打荷厨师联系，将退或换的菜肴生料退回，并快速将新换的菜肴生料进行配份，交给打荷厨师。对退、换菜的事件应进行事后处理，如果属于砧板配料的责任，如配料差错、重量欠缺等，则应在核实责任人后对当事人按处理条例的规定进行处罚。

7. 熟切装盘

将站灶厨师制作好的、打荷厨师传递过来的需要改刀的熟制菜肴，使用专用的刀、墩，按照标准菜谱中的要求斩切成各种形状，协助打荷厨师码摆在盘中，需要点缀装饰的进行盘饰，然后，由打荷厨师确认桌号，送放于传菜间。设有凉菜间的厨房，一般交由凉菜间切配。

8．开列申购单

主配厨师根据电冰箱内剩余的原料数量及当天的销售情况，将下一个工作日所需的各种原料，按计划列出申购单，报仓库保管员签字，带回底联，交给第二天值早班的厨师。

9．收台

当最后一个菜肴的配份结束后，将剩余的各种原料分类装入专用料盒，用保鲜膜封好，放入冰箱或恒温柜内存放。

收台的流程为：整理原料→存放原料→清理台面→擦拭隔断→清理垃圾→清理地面→擦拭墙壁和台面→冰箱除霜→抹布清洗。

二、切配常用的三种表格

1．常用主、配料切割规格表

常用主、配料切割规格见表5-1。

表5-1　常用主、配料切割规格

料 型 名 称	适 用 范 围	切 制 规 格
丁	鱼、肉等	大丁1～1.5厘米见方，碎丁0.5厘米见方
方块	动、植物	2～3厘米见方
粗条	动、植物	侧面1.5厘米见方，4.5厘米长
细条	动、植物	侧面1厘米见方，3厘米长
粗丝	动物类	侧面0.3～0.5厘米见方，4～6厘米长
细丝	植物类	侧面0.1～0.2厘米见方，5～6厘米长
长方片	动、植物	厚：0.1～0.2厘米，宽：2～2.5厘米，长：4～5厘米

2．常用料头切割规格表

常用料头切割规格见表5-2。

表5-2　常用料头切割规格

料 型 名 称	适 用 范 围	切 制 规 格
葱花	大葱	0.5～1厘米见方
葱段	大葱	长：2厘米，粗：1厘米左右
葱丝	大葱	长：3～5厘米，粗：0.2厘米左右
姜片	生姜	长：1厘米，宽：0.6～0.8厘米，厚：1厘米左右
姜丝	生姜	长：3～5厘米，粗：0.1厘米左右
香菜段、末	香菜梗	段：长3～5厘米长；末：0.5～0.6厘米
蒜片	蒜瓣	厚：0.1厘米左右，自然形状
葱姜米	大葱、生姜	0.2～0.3厘米见方
蒜蓉	蒜瓣	0.1～0.2厘米见方
干辣椒段、丁	干辣椒	段：1～1.5厘米长．丁：0.5～1厘米见方
辣椒米	青红辣椒	0.2～0.3厘米见方

3．厨房用料成本表

厨房用料成本表见表5-3。

表5-3　厨房用料成本表

菜品编号：

菜 品 名 称	菜品使用主料名称	菜品使用配料名称	菜品使用调料名称	菜品主料使用量	菜品配料使用量	菜品调料使用量	菜品主料价格	菜品配料价格	菜品调料价格	菜品成本价
菜品1										
菜品2										
菜品3										
菜品4										
菜品5										
……										
备注	附录备注									
	填表日期					填表人签名				

三、切配质量与数量

1．切配质量控制

切配时一方面要保证同道菜肴的原料切配规格必须相同；另一方面切配岗位操作还应考虑烹调操作的方便性。切配的质量控制，还包括其工作中的程序控制，要严格防止和杜绝配错菜、重配菜和漏配菜现象出现。

切配质量控制应采取的措施包括：①制定配菜工作程序，理顺工作关系；②健全出菜制度，防止有意或无意错、漏配菜现象发生。

2．切配数量控制

切配数量的控制具有双重作用，一方面可以保证每份菜肴的数量合乎规格；另一方面它又是产品成本控制的核心。由于原料经初加工、切配到搭配组合，其单位成本已经较高，配菜时若疏忽大意，则差之毫厘，谬以千里，因此对切配的数量控制至关重要。在这一阶段对每一菜点的切配数量制定标准，严格称重，论个计数，以确保菜点的分量合乎要求。

单元三　菜肴烹调阶段管理

一、烹调流程六大节点

1．班前例会

站灶厨师与全体厨房员工听取餐饮部经理和厨师长对上一餐各班组、各岗位作业中存在问题的工作总结；表扬工作突出的员工；对顾客意见进行通报与分析；对主要岗位作业过程中所出现的误差进行批评、纠正；简要传达部门经理例会的主要内容与精神；对个别岗位厨师轮休、病休的工作空缺进行调整、安排；对可能出现的就餐高峰提出警示。

2. 准备工作

（1）样品配份摆放。各站灶厨师将自己所分工负责的菜肴品种，按标准菜谱中规定的投料标准和刀工要求进行配份，将配份完整的各种菜肴原料，按主、辅料的顺序依次码放于餐具中，用保鲜膜封严，作为菜肴样品。将自己加工好的所有菜肴样品，摆放于餐厅冷藏式展示柜划定的区域内，放好价格标签。图 5-1 为某酒店样品摆放区域。

图 5-1　某酒店样品摆放区域

（2）工具准备。检查用具配备情况。

（3）调料准备。在打荷厨师的协助下，将烹调时所需的各种成品调味品检验后分别放入专用的调料盒内。

（4）制备调料。自制的调味料主要有调味油、酱、汁等。

在做准备工作的过程中要保持良好的卫生状况，废弃物与其他垃圾随时放置在专用垃圾箱内，并随时将桶盖盖严，以防垃圾外溢。准备工作结束后应对卫生进行全面清理。

3. 信息沟通

由于站灶厨房承担整个酒店热菜制作与供应的任务，开餐前必须主动与其他部门进行信息沟通，特别是了解当餐及当天宴会的预订餐情况，以便做好充分准备。

4. 烹调前检查

烹调前检查的主要项目包括炉灶是否进入工作状态，油、气、电路是否正常，提前 3 分钟将其他炉灶的常明火点燃。

5. 菜肴烹制

（1）接料确认。接到打荷厨师传递的配份好的菜肴原料，或经过上浆、挂糊及其他处理过的菜料应立即确认菜肴的烹调要求，确认工作应在 30 秒内完成。

（2）菜肴烹调。根据标准菜谱的工艺流程要求，按打荷厨师分发的顺序，对各种菜肴进行烹制。烹制成熟后，将菜肴盛放在打荷厨师准备好的餐具内。

（3）装盘检查。站灶厨师将烹制好的菜肴装盘后，应在打荷厨师整理、盘饰前，进行质量检查，检查的重点是菜肴中是否有异物或明显的失误情况，一旦发现应立即予以处理。

6. 退菜处理

无论客人出于什么原因提出退菜、换菜，都应立即接受，并及时进行处理。出品质量管理人员应第一时间对退菜的原因及处理情况进行记录，并要求责任人和总厨签字确认。图 5-2 为某酒店退菜记录单。

日　　期	菜 点 名 称	处理原因	顾客褒贬意见	处 理 结 果	责任人签名	总 厨 签 名	备　　注
3月1日	清炒荷兰豆	点错菜	退菜满意	部分责任	××	××	
3月7日	水煮鱼	有异物	退菜满意	部分责任	×××	×××	
3月7日	盆盆虾	点错菜	退菜满意	部分责任	××	×××	
3月8日	炝炒圆白菜	有异物	打折满意	部分责任	×××	××	
3月8日	香菇扒芦笋	点错菜	客户未付此菜款满意	全部责任	××	×××	
3月18日	铁板葱烧鲈鱼	点错菜	退菜满意	部分责任	×××	×××	
3月20日	木瓜木耳炒百合	上错菜	退菜满意	全部责任	××	××	
3月21日	野山菌炒牛肉	有异物	客户未付此菜款满意	部分责任	××	×××	
3月22日	葱烧黄玉参	有异物	退菜满意	部分责任	×××	×××	

图 5-2　某酒店退菜记录单

（1）退菜、换菜的直接原因是菜肴质量问题，责任由站灶厨师承担。

（2）退菜的原因不完全是菜肴质量问题，站灶厨师有部分责任，则针对站灶厨师的责任进行讨论后对其做出相应的处罚。

（3）菜品完全按规定标准制作而被退菜的，站灶厨师不负任何责任。

（4）无论出于什么原因被退菜，都应及时备案，研究改进菜品的方案，以保证不再出现类似问题。

二、烹调管理两种表格

1．被退菜品情况登记表

被退菜品情况登记表见表 5-4。

表 5-4　被退菜品情况登记表

日　　期	被退菜品名称	退 菜 时 间	受 理 人	客人退菜原因	制作本菜品厨师	厨师长处理意见	备注（修改意见）
制作本菜品厨师签名			厨师长签名				

2．顾客意见反馈表

顾客意见反馈表见表 5-5。

表5-5　顾客意见反馈表

菜 品 名 称	对菜品的评价			顾 客 留 言
	好	一般	不好	
	好	一般	不好	
	好	一般	不好	
顾客签字：				
服务人员签字：				

厨师长签字：＿＿＿＿＿＿＿＿＿　　　　　　　　　　　　　日期：＿＿＿＿＿＿＿

单元四　厨房菜点质量管理

厨房菜点质量的高低好坏，直接反映了制作人员的技术水平的高低。产品的外表形态及内在风味，一则会对就餐客人产生直接影响，关系到其能否成为回头客；二则通过客人的口碑，会影响整个企业的声誉和形象。因此，对餐饮企业厨房菜点的质量进行管理与控制，应成为厨房管理人员的工作重点。

一、质量管理的五个概念

1. 质量

质量是反映产品或服务满足用户明确和隐含需要能力的特性总和。

在 ISO 有关标准中，质量的概念是广义的，它要同时考虑供、需、社会三方面的利益和风险。质量还具有动态性、相对性和适用性的内涵。动态性是指质量要求是随技术进步和社会发展而不断变化的；相对性是指不同的对象对产品有不同的要求；适用性则是指顾客满意或符合要求，代表了质量的某些方面。

2. 质量控制

质量控制是在生产加工中为达到质量要求所采用的技术和进行的管理活动，其目标是对生产加工过程进行监督，及时消除各环节产生的质量问题，确保菜点产品符合规定质量，满足顾客的要求。

3. 质量保证

质量保证是为了获得足够的信任，表明实体能够满足质量要求。质量保证有内部质量保证和外部质量保证两种。内部质量保证是企业管理的一种手段，目的是取得企业领导的信任；外部质量保证是在合同或其他环境中，供方取信于需方的一种手段。

4. 质量管理

质量管理包括确定质量方针、质量目标和质量职责，并且在质量体系中进行质量策划、质量控制、质量保证和质量改进等活动。质量管理是各级管理者的职责，是由最高管理者领导、所有成员都参与实施的重要工作。

5. 质量体系

质量体系是为实施质量管理所需的组织结构、程序、过程和资源。体系是由若干相关事物相互联系、相互制约构成的有机整体，体系中必须强调系统性和协调性。质量体系将人员、管理、技术等影响质量的诸因素综合在一起，为实现预定的质量目标而协调工作。企业建立质量体系是为了满足内部质量管理的需要。应按照有关国家标准和国际标准，结合本企业的具体情况建立健全一个完善的并能有效运行的质量体系。

二、菜点质量构成的两大指标

菜点的质量，主要由菜点自身的质量和菜点的外围质量两方面构成。前者是指提供给顾客的菜点应该无毒无害、卫生营养、美味可口且易于消化，色、香、味、形俱佳，温度、质地适口，顾客进餐后能得到满足感；后者主要指服务态度、服务水平、就餐环境等给顾客带来的满足感。

（一）菜品自身的质量指标

1. 菜点色泽

菜点的色泽是吸引顾客的第一感官标准，人们往往通过视觉对菜品品质做出第一评判。菜点的色泽是由构成菜点的原料的本色、加工烹制产生的色变以及加工烹制中对成色的调制处理和装盘搭配而形成的。

2. 菜点香气

菜点的香气是指菜点飘逸出来的气味，人们在就餐时总先闻到香味，再品尝其滋味。食物的香气对增加就餐的快感有着巨大作用。如仔姜爆鸭的辛香、开水白菜的清香等。人对气体的感觉程度同物体自身的温度高低有关，应重视热菜上菜的时效性，保证菜点在第一时间内呈现在顾客面前，让客人去感受、陶醉。

3. 菜点滋味

菜点的滋味是菜点质量指标的核心，是指菜点入口后，对人口腔、舌头上的味觉系统发生作用并产生的感觉。菜点的味道由原料本身的滋味和菜点的味型构成，原料本身不符合要求的腥味、膻味、泥土味、金属味、碱味要清除掉。

4. 菜点形态

菜点的形态是指菜点的整体造型。原料自身的形态、切割和成形的技法，以及成菜装盘的拼摆都直接影响到菜点的形态。菜点对"型"的追求要把握分寸，过分精雕细刻，反复触摸摆弄，会污染菜点，或者喧宾夺主，甚至华而不实，杂乱无章，是对"型"的极大破坏。因此，在对菜点"型"的追求上，不能脱离基本的成型规则，要做到菜点规格与"型"的一致，建立相应的原料规格成型标准，并认真执行。

5. 菜点质感

质感是菜肴、点心给食用者在"质地"方面的印象。质感包括韧性、弹性、胶性、黏附性、纤维性及脆性等。菜肴、点心的质感是影响其可接受性的一个重要因素，任何偏离消费者可接受质感的菜点，都可称为不合格产品。所以人们不喜欢变软的酥饼，不喜欢多筋的蔬菜，不喜欢质地变老的肉片。

6. 菜点器皿

器皿是用来盛装菜点的容器，图5-3为各式精美的汤盅。不同的菜点应选择相应的盛器。菜、器配合恰当，便能使菜肴与容器相映生辉，相得益彰。对于一个风格化的餐厅来说，选用适应其风格化菜点的风格化盛器，无疑是锦上添花，是创造餐饮文化的一个重要举措。

图5-3　各式精美的汤盅

7. 菜点温度

菜点的温度主要强调的是菜点出品食用时的温度。同一款菜肴，同一道点心，出品食用时的温度不同，口感质量会有明显差别。如鱼、虾、蟹在经熟制出品后，热吃细嫩鲜美，冷后则腥味重，质地变粗；拔丝香蕉趁热上桌食用，可拉出糖丝，冷后则是糖饼一块，更别想拔出丝来。因此，温度是菜肴质量的重要指标之一。

8. 菜点声音

有些铁板、锅巴菜肴由于厨师的特别设计或特殊盛器的配合使用，已经在顾客中间形成概念，即菜肴是有声响的，进而为就餐创造出热烈的气氛。相反，如果没有声音，说明菜肴温度不够，或者出品、服务不及时，使菜肴在上桌时没有达到预期的效果，最终令顾客扫兴。图5-4为能发出声音的"锅巴肉片"。

图5-4　能发出声音的"锅巴肉片"

9. 菜点卫生

菜点卫生是菜肴、点心必备的质量条件，脱离卫生谈菜点的质量没有任何实际意义。菜点的卫生质量涉及加工菜点等的原材料本身是否含有毒素；原材料在采购加工等环节是否遭受有毒、有害物质、物品的污染；原材料本身或成品是否变质；出品时菜肴本身是否清洁等多方面。

10. 菜点营养

人类为了自身的生长、发育及维持正常生理功能和满足各方面的需要，必须从膳食中获得人体所需的极其复杂的营养素。社会的进步和科学技术的发展，也使得人们越来越讲究、重视膳食营养的平衡。因此要建立菜点营养指标，以适应顾客更高的要求。

（二）菜品的外围质量

菜品外围质量是指除菜点自身质量以外的，与就餐环境、服务态度、服务水平和菜点价格等有关的质量。外围质量的高低直接影响顾客就餐的欲望和就餐的频率。因此在加强产品自身质量的同时，如何留住客人，扩大目标客人范围，完善产品外围质量尤为重要。

1. 就餐环境

就餐环境是根据餐饮企业的经营宗旨和目标而构建的，它与经营的菜点之间有相当密切的联系，要符合经营菜点的需要。就餐环境通常讲究舒适、雅致，让就餐者感到安静、放松。图 5-5 为某酒店舒适、雅致的就餐环境。

图 5-5　某酒店舒适、雅致的就餐环境

2. 服务态度

服务人员服务态度好，就容易和顾客取得沟通，得到顾客反馈的信息。同时也能让顾客更多地了解餐厅，达到留住顾客的目的。好的服务态度强调的是一种精神、一种修养、一种气质。体现在服务过程中包括笑容、言谈、举止、仪表、姿态以及文化修养等多方面。服务态度也体现了企业精神文化的内涵。同时，好的服务态度还会缓解因菜点质量不符合要求而带来的矛盾。

3. 服务水平

服务水平是服务人员业务能力的体现。它是以最大限度地方便顾客为原则设计出来的。服务水平提高了，厨房菜点的总体价值就会相应提高。

4. 菜点价格

菜点价格是指顾客为了获得菜点的各种功能（卫生、新鲜、营养、加工精细、味道香醇、造型独特等）所愿意支付的总费用。菜点的价格一定要结合目标顾客的消费水平，让顾客感到物超所值。如果菜点的价格远远地脱离了顾客所能承受的范围，或片面地因为降低菜点生产费用而影响到菜点质量，那么，这些产品都不会受到顾客的欢迎，从而影响到餐厅的经营。

三、菜点质量五大感官评价

1. 菜点嗅觉评定

菜点的嗅觉评定就是由人的鼻腔上部的上皮嗅觉神经系统的感知来评定菜点的气味。菜点的气味来源于原材料本身、调味品及烹制加工中形成的复合气味。原材料本身的气味，有的是人能接受的愉快气味，有的是人不容易接受的反感气味，对后者要通过施加调味品和采取正确的加工手段来彻底清除。

2. 菜点视觉评定

菜点的视觉评定是根据经验，通过眼睛对菜肴外部特征，如色彩、光泽、形态、造型、菜肴与盛器的配合、装盘、装饰的艺术性进行鉴赏，以评定其质量的优劣。视觉评定是顾客判断菜点的第一印象。菜肴充分利用原材料的天然色彩，搭配合理，烹调恰当，色泽诱人，刀工美观，在装盘造型上或自然大方，或优美别致，该菜点则为合格品；反之，菜点原料刀工成型差，调味用料重，成品无光泽，色泽暗淡，装盘整体效果不好，不整洁卫生的菜品则为不合格品。

3. 菜点味觉评定

味觉是人类舌头表面味蕾接触刺激物产生的反应，它能够辨别酸、甜、咸、苦、鲜、麻、辣等滋味。味觉感受是一个复杂的过程，对菜点复合味或单一味的辨别会受到人自身的饮食习惯、口味习惯、地域差别、年龄差别等诸多因素的影响。所以对菜点口味的评定，不同的人有不同的评价。但一个餐饮企业经营菜点的风味体系的建立，一定要立足于它所追求和欲表达的菜肴体系和菜肴风格，并以此满足就餐目标人群的饮食、口味习惯，形成一套完整的风味体系标准。

4. 菜点听觉评定

菜点听觉评定主要针对锅巴及铁板类菜肴。通过听觉评定菜肴质量，既可发现菜肴本身在温度、质地方面是否符合要求，又能检查服务是否得体、及时。

5. 菜点触觉评定

通过直接或间接地咬、嚼、按、摸菜点，可以检查菜点的质地、温度等方面，从而评定菜肴质量。如通过对菜肴的嚼咬可以发现其酥松、老嫩程度；通过汤菜与舌头和口腔的接触，可以判断温度是否合适。

四、影响菜点质量的五类因素

1. 生产人员

厨房内由于人员密集而且多是手工操作，因此，生产人员素质的高低、情绪是否稳定、生产技术掌握的程度，会直接关系到工作质量和产品质量。所以，注意对厨房人员素质的培养，帮助厨房人员管理情绪，提高生产技术，构建良好和谐的厨房氛围，培养厨房团队精神，是厨房管理的主要内容之一。

2. 生产设施和设备

厨房生产离不开设施和设备。例如，厨房内的案台、砧板、灶台、炊具、冰箱、照明灯具、洗菜池、水龙头、绞肉机、和面机等。厨房设施、设备的配备和完好率在很大程度上影响着厨房生产产品的速度和质量。

3. 烹饪原材料

"巧妇难为无米之炊。"厨房生产产品，首先要有合格的、足够的烹饪原材料，有了物质基础，才能烹制出餐饮产品。所以，餐饮产品质量控制中，首先要抓好烹饪原料质量的控制，有优质的烹饪原料，才能烹制出精美的餐饮食品。

4. 厨房管理方法

厨房生产人员能正确地掌握各种生产技术和烹调方法，是生产优质产品的前提。除了要让每一位员工都能熟练地掌握生产技术，还要有一套完整的管理程序和方法来规范员工的行为，规范技术标准、产品份额标准、风味特色标准、盛装标准，让制作出的产品，不管出自谁之手，产品均能保持一致。

5. 厨房生产环境

厨房生产环境的优劣对餐饮产品的质量会有较大影响。应注意改善厨房环境，排除影响厨房生产人员工作的不利因素。只有在良好的厨房生产环境中，生产人员才能生产出优质的产品。

五、厨房产品质量控制途径及方法

要想对厨房生产质量进行全面系统的综合控制，必须制定相关的质量标准，并对影响菜点质量的各种因素进行分析研究。

（一）厨房产品质量控制途径

1. 制定菜点生产的操作规程和质量标准

合理的操作规程是创造优质餐饮产品的重要保证。具体的菜点质量标准是生产优质菜点的必要条件。各餐饮企业应根据各餐厅、各厨房的现状及生产特点，制定出从菜点制作到销售的每一个环节的操作规程和质量标准。尤其要制定好原料采购、加工、切配、烹调等每道工序的具体质量标准，从而保证厨房菜点质量，做到不粗制滥造，不以次充好。

2. 提高厨房生产人员的技术水平

不断提高厨房生产人员的业务知识和技术水平，是提高厨房产品质量的关键。因此，为提高厨房产品质量，就必须对从业人员进行多层次、多种类型、多途径的技术培训。

（1）多层次是指对初、中、高等级厨师进行有目的的培养，使厨师队伍的技术力量呈阶梯形。

（2）多种类型是指厨房各岗位、各工种专业人员的岗位培训要同步进行，提高整体素质。

（3）多途径是指应采用多种方式方法提高厨房生产人员的专业技术水平。

3. 建立产品质量检查制度

为了确保产品质量稳定，应成立质量检查小组，制定厨房产品质量检查制度，配备专职的质量检验人员，把住菜肴生产的质量关。对不合格的菜肴，坚决不允许出品。

4. 加强生产设备管理

先进、优良的厨房设备是厨房生产质量的保证，为了使厨房设备经常处于良好的运行状态，在坚持正确使用的情况下，必须进行有效的设备管理，定期进行设备的保养和维修。

（二）厨房产品质量控制方法

厨房产品质量受多种因素影响，其波动性大。厨房生产要确保各类出品质量的可靠和稳定，就要采取各种措施和有效的控制方法来保证厨房产品品质符合要求。

1. 阶段控制法

厨房的生产运转，可分为原材料采购和储存、菜点生产加工和菜点销售三个阶段。加强对每个阶段的控制，可保证菜点的质量。

（1）原料采购和储存阶段控制

1）要严格控制采购的数量，以免造成货品积压而影响原料质量。严格按规格采购各类菜肴原料，确保购进原料能最大限度地发挥其应有的作用，使加工生产变得方便快捷。没有制定采购规格标准的一般原料，也应以保证菜品质量、按菜品的制作要求以及方便生产为前提，选购规格、分量相当，质量上乘的原料，不得乱购残次品。

2）全面细致验收，保证进货质量。验收目的是杜绝不合格原料进入厨房，保证菜点生产质量。验收各类原料，要严格依据规格标准；对没有规定标准的采购原料或新上市的品种，对其质量把握不清楚的，要随时约请专业厨师或专家进行认真检查，不得擅自决断，从而保证验收质量。

3）加强原料储存管理，防止原料因保管不当而降低其质量标准。严格区分原料性质，进行分类储存。加强对储存原料的食用周期检查，杜绝过期原料再加工制作。同时，应加强对储存再制原料的管理。厨房已领用的原料也要检查是否过期。

（2）菜点生产加工阶段控制

1）切割。原料进入厨房加工之前，要先确认原料是否合格，只有确认合格的原料才可以开始加工。对各类原料的切割，一定要根据烹调的需要，依据原料加工成型标准，以保证加工质量。原料经过切割后，一些动物性原料还需要制浆，这是一道对菜肴实施优化的工艺，对菜肴的质地和色泽等多方面有较大影响。因此，应当对各类浆、糊的调制制定用量标准和成型标准，避免盲目操作。

2）配份是决定菜点原料组成及分量的关键岗位。要严格按照菜点配份标准，称量取用各类原料，以保证分量一致。

3）烹调是菜点从原料到成品的成熟环节，它决定菜点的色泽、口味、质地等，其质量控制尤其重要和困难。可以在开餐前，将经常使用的主要味型的调味汁，批量集中兑制，以便开餐烹调时各炉头随时取用，以减少因人而异时常出现的偏差，保证出品口味质量的一致性。

（3）菜点销售阶段控制

菜点由厨房烹制完成后交前厅出品，这阶段有两个环节易出错。一是备餐服务，备餐要为菜点配齐相应的味碟、食用用具。有些菜点食用时须借助一些器具，如蟹钳、牙签等。因此应制定一些服务配套用具表，督导服务，方便客人。二是服务员上菜服务，要及时规范，主动报菜名。对食用方法独特的菜肴，应对客人做适当的介绍和提示。

2. 岗位开展法

利用岗位分工，强化岗位职能，并施以检查督促，对厨房菜点质量也有较好的控制效果。

（1）所有工作均应有所落实。厨房生产要达到一定的标准，各项工作必须全面分工落实，这是岗位职责控制的前提。厨房所有工作应合理安排，明确分配至各加工生产岗位，这样才能保证生产运转过程胜利进行，加工生产各环节的质量才有人负责，检查和改进工作也才有可能。员工在各自的岗位上保质保量及时完成各项任务，菜点质量控制便有了保障。

（2）岗位职责应有主次。厨房所有工作都要有相应的岗位分工，但各岗位职责是不一致的。应将一些价格昂贵、高档原料的加工，针对重要客人的菜点制作，以及技术难度较大的工作列入头炉、头砧等重要岗位职责内容。充分发挥厨师的技术潜能，可有效减少和防止质量事故的发生。对菜点口味，以及其他对生产构成较大影响的工作，应规定由各部门的重要岗位完成。如配兑调味汁、调制馅料、涨发高档干货原料等。

餐饮生产是一个有机联系的系统工程，任何一个岗位、环节不协调，都有可能影响开餐出品菜点的质量。因此从事厨房一般生产，对于出品质量不直接构成影响或影响不是太大的岗位，也要认真对待每项工作，积极配合、协助各部门完成各项任务。

3. 重点控制法

重点控制法是针对厨房生产和出品的某个时期、某些阶段和环节，或针对重点客情、重要任务以及重大餐饮活动而进行的更加详细、全面、专注的督导管理。

（1）重点岗位、环节控制。通过对厨房生产及菜点质量的检查和考核，可找出影响或妨碍生产秩序和菜点质量的环节或岗位，并以此为重点，加强控制，提高工作效率和出品质量。如出现菜点口味时好时坏、出菜速度慢、分量时多时少的问题，应加强对操作规程的培训和对已制定的配菜标准的督导（没制定配菜标准的餐饮企业应建立配菜标准表），从而保证菜点分量的均衡一致和口味一致。

重点控制法的关键是寻找和确定厨房生产控制的重点，它的前提是对厨房生产运转进行全面细致的检查和考核。对厨房生产和菜点质量的检查，除可采取自查或向就餐顾客征询意见等方式外，还可请相关行家、专家、同行检查，进而找出问题的所在，从而改进。

（2）重点客情、重要任务控制。对于重点客情、重要任务通常是指客人身份特殊或者消费标准不一般。因此从菜单制订开始就要有针对性，从原料的选用到菜点的出品，整个过程中都要注意安全、卫生和质量可靠。厨房管理人员应加强对每个环节的生产督导和质量检查控制，尽可能安排技术好、心理素质好的厨师生产制作。在客人用餐后，还应主动征询意见，积累资料，以方便以后的工作。

（3）重大活动的控制。餐饮重大活动不仅影响范围广，而且为企业创造的收入也多，同样消耗的原料成本也高。加强对重大活动菜点生产制作的组织和控制，不仅可以有效地节约成本开支，为企业创造应有的经济效益，而且通过成功地举办大规模的餐饮活动，还可以向社会宣传企业的实力，进而通过就餐顾客的口碑，增强企业的社会影响力。

厨房对重大活动的控制，首先应从菜单制定着手，充分考虑各种因素，制定一份具有一定特色的风味菜单。接着要精心组织各类原材料，合理使用各种原料，适当调整安排厨房人手，计划使用时间和厨房设备，妥善及时地提供各类出品。厨房生产管理人员、主要技术骨干均应亲临第一线，从事主要岗位的烹饪制作，严格把好各阶段产品质量关。前后台要配合密切，随时沟通，有效掌握出品节奏。厨房应统一调度，确保出品秩序。重大活动期间，更应加强厨房内的安全、卫生控制检查，防止意外事故发生。

课后习题

一、名词解释

1. 原料切配
2. 质量控制
3. 质量保证
4. 质量管理
5. 质量体系

6. 菜点价格

二、填空题

1. 保持原料的＿＿＿＿＿＿＿也是初加工时要注意的一个问题，如果方法不当，原料营养成分就会受到一定程度的损失。

2. 初加工间卫生清理及安全检查工作结束后，打开紫外线消毒灯，工作人员离开工作间，照射＿＿＿＿＿分钟，将灯关闭，然后锁门。

3. 菜点的色泽是吸引顾客的第一＿＿＿＿＿＿标准，人们往往通过视觉对菜品品质做出第一评判。

4. 菜点的＿＿＿＿＿＿是菜点质量指标的核心，是指菜点入口后，对人口腔、舌头上的味觉系统发生作用并产生的感觉。

5. ＿＿＿＿＿＿是服务人员业务能力的体现。

6. 厨房生产要达到一定的标准，各项工作必须全面分工落实，这是＿＿＿＿＿＿控制的前提。

三、选择题

1. 原料初加工是菜点制作的第（　　　）个环节。
   A. 一　　　　　　B. 二　　　　　　C. 三　　　　　　D. 四

2. 水台加工必须做到（　　　）。
   A. 确认原料　　　　　　　　　　B. 按顺序加工
   C. 核对　　　　　　　　　　　　D. 保持卫生

3. 同一款菜肴，同一道点心，出品食用时的温度不同，口感质量会（　　　）差别。
   A. 没有　　　　　B. 稍有　　　　　C. 有些许　　　　D. 有明显

4. 厨房的生产运转，可分为（　　　）三个阶段。
   A. 烹饪原材料采购和储存　　　　B. 菜点生产加工
   C. 菜点销售　　　　　　　　　　D. 消费者回访

5. 厨房对重大活动的控制，首先应从制定（　　　）着手，充分考虑各种因素，制定一份具有一定特色的风味菜单。
   A. 菜单　　　　　B. 菜谱　　　　　C. 配方　　　　　D. 食谱

四、判断题

1. 生产管理是厨房管理的重中之重。　　　　　　　　　　　　　　　　（　　　）

2. 不同的菜点在生产过程的各个阶段，工序、标准与要求都一样。　　（　　　）

3. 加工环节是厨房成本控制的一个重要环节，加工人员要树立节约意识，并按照出料的标准来加工，避免不必要的浪费。　　　　　　　　　　　　　　　　　　　　（　　　）

4. 厨房菜点质量的高低好坏，不能反映生产、制作人员的技术水平的高低。　（　　　）

5. 在 ISO 有关标准中，质量的概念是广义的，它要同时考虑供、需、社会三方面的利益和风险。　　　　　　　　　　　　　　　　　　　　　　　　　　　　　　（　　　）

6．重点控制法是针对厨房生产和出品的某个时期、某些阶段和环节，或针对重点客情、重要任务以及重大餐饮活动而进行的更加详细、全面、专注的服务。　　　（　　　）

7．对各类原料的加工和切割，一定要根据烹调的需要，依据原料加工成型标准，以保证加工质量。　　　（　　　）

8．重点客情、重要任务通常是指客人身份特殊或者消费标准不一般。　　　（　　　）

五、简答题

1．简述烹饪原料初加工的四个要求。

2．简述切配质量与数量控制方法。

3．菜点的外围质量包括哪些方面？

4．简述影响菜点质量的五类因素。

模块六

现代厨房菜点营销管理

学习目标

知识目标：

▶ 1. 了解餐饮顾客消费的行为。
2. 了解厨房菜点营销的三个策略。
3. 熟悉菜点生命周期及营销策略。
4. 掌握餐饮广告策划的程序。
5. 熟悉美食节营销十三类主题
6. 掌握节假日营销主题选择。

能力目标：

▶ 1. 能根据餐饮企业的定位合理制定节假日营销策略。
2. 能够编写美食节营销方案。
3. 能够合理选择适合本企业的餐饮广告媒介。

营销管理已经成为企业的生命线，中高级营销人员也成为市场最紧缺的人才。要做到成功营销，就必须让顾客改变自己的行为，如果没有推出针对性的营销计划，顾客的行为就很难改变。营销应实行差异化，从而做到与众不同，吸引顾客。

单元一　厨房菜点营销常识

现代餐饮企业竞争激烈、更新较快，要想在激烈的市场竞争中取得一席之地，不断发展壮大，就需要提高经营管理的科学性，不断改善经营管理水平。其中，厨房菜点营销在现代厨房管理过程中具有举足轻重的作用。

一、顾客消费行为分析

（一）消费者购买厨房菜点行为分析

1. 由谁购买？——购买者

确定购买者是谁，他是购买决策的执行者。营销过程中可以通过年龄、性别、职业、收入等因素，对消费者进行细分，了解谁是厨房菜点真正的购买者，分析某种厨房菜点的购买者最可能是什么类型的消费者。

2. 购买什么？——购买对象

它是指消费者主要购买什么类型的厨房菜点，包括选择购买的厨房菜点所依托的企业品牌、质量水准、服务形态、价格等。

3. 为何购买？——购买目的

购买目的是指消费者购买厨房菜点的真正动机。这是消费者的需要类型和消费者对需要的认识引起的，随着每次购买的具体需要不同和对需要的理解和认识不同而不同。

4. 谁参与购买？——购买组织

厨房菜点购买可能有不同角色，也就是说，除了购买者外，还有与购买相关的其他参与者，他们会对厨房菜点购买行为产生影响。对于家庭购买者来说，购买角度最为复杂，除执行者外，还包括了购买决策者、倡导者、影响者和使用者。

5. 怎样购买？——购买行为

怎样购买是指购买行动和购买方式，即顾客在购买行为中的具体购买方法和货币支付方式。比如，现场购买并消费、网上购买、电话购买、现金支付、支票结算、信用卡付款、延期支付、分期付款等。

6. 何时购买？——购买时间

何时购买是指消费者对厨房菜点购买的时机或时间。比如，了解消费者对某种餐饮菜点的购买是否有季节性；季节性表现为什么特征；消费者喜欢或经常在什么时间购买该菜点。

7. 何地购买？——购买地点

何地购买是指消费者购买某企业厨房菜点的地点。餐饮消费者对某种厨房菜点的购买地点的选择依据是什么、体现出什么规律，是研究厨房菜点消费行为必须搞清楚的问题。

（二）影响顾客购买的营销因素分析

影响顾客购买的营销因素是指对消费者消费行为产生影响的市场营销组合。厨房菜点的设计与消费者心理需求的适应程度、广告、营销是影响顾客购买的三个重要因素。

1．厨房菜点的设计与消费者心理需求的适应程度

厨房菜点设计与消费者心理需求的适应程度，是影响顾客消费的首要市场营销因素。现代厨房菜点消费的心理需求非常复杂，但仍有一些共同的特点。

（1）追求厨房菜点的个性化。厨房菜点市场营销的成功者，都了解顾客的心理需求，他们的成功在于很好地迎合了顾客的心理需求。人们常常把厨房菜点消费活动作为社交和商务的媒介，作为人际交流的平台。社会交往活动和商务活动的多样化，自然要求厨房菜点消费活动与之配套。为了提高人际交往的效率，人们常常希望通过个性化、富有新意的菜点营造良好的交流环境。

（2）崇尚物美价廉的菜点。现代消费者已经能够清晰地把握自己的需要，选择价格合宜的厨房菜点，有效安排餐饮消费。人们工作之余三五相约，驾车到城市周边品尝河鲜、野菜、乡土风味，就是这一心理的具体表现。城市周边的农家乐餐厅，也是消费者崇尚物美价廉和求新意识的产物。总体而言，现代厨房菜点消费中，非公务消费的比例越来越大。在这种形势下，厨房菜点经营者应该看到大众消费的市场潜力，找准自己的市场定位，认真研究顾客的需求变化和具体特征，推出适应他们需要的菜点和服务。

2．广告

广告是唤起消费者需要和消费者信息收集的重要途径，对顾客做出消费决策产生直接影响。广告通过外界刺激，使消费者在心理上产生不满足感，唤起他们的需要，直接刺激消费者的消费欲望。广告通过向顾客提供充分的信息，影响消费者评价与选择的过程。这种影响力对餐饮市场营销而言，能够促使消费者对某餐饮品牌及其菜点产生需求，即餐饮广告具有影响消费决策，从而赢得竞争的作用。

3．营销

营销是指消费现场和服务活动对消费者消费行为的影响，主要发生在消费者决定购买和购买后评价两个环节。厨房菜点的决定购买过程很大一部分与消费过程同步，比如，顾客点什么菜、点多少、怎么付账等。消费过程中的营销和服务，势必会对顾客的消费心理产生影响，进而影响顾客购买行为。服务员和营销人员应该全面观察消费者的购买意图，通过其穿着打扮、言谈举止判断消费者的个性和心理特征，有目的地介绍菜品和服务，启发顾客兴趣，刺激其购买欲望，诱导顾客的消费需求。

二、厨房菜点营销策略

（一）菜点策略

餐饮企业营销的经营活动，都是围绕着菜点在进行，所以正确制定菜点策略具有十分重要的意义。厨房菜点是指餐饮企业提供给餐饮市场，用以满足顾客就餐需要的菜点本身及服务。现代厨房菜点营销不只是菜点这一本身，而是一个整体产品，它是由核心产品、形式产品和附加产品三个层次构成的综合体。菜点营销整体产品的三个层次如图6-1所示。

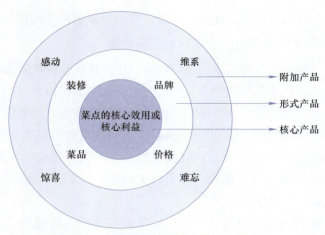

图6-1　菜点营销整体产品三个层次

1. 核心产品

核心产品是整个菜点的中心，它体现出了这样一个问题：购买者真正想买的是什么？它是厨房菜点最基本的层次，又称作核心利益，是厨房菜点给消费者带来的核心效用，如充饥、荣耀、快乐等。

2. 形式产品

形式产品是厨房菜点的第二个层次，是顾客核心利益赖以存在的载体。它可以是菜品、价格、品牌、装修等有形物，也可以是地理位置、周围环境、餐厅气氛、服务形态、服务能力等无形成分，这一系列因素都能展现厨房菜点的核心利益。实际上，厨房菜点的形式产品部分，就是由上述这些负载核心利益的有形物和无形成分构成的综合体。

3. 附加产品

附加产品又称为附加利益，是指厨房菜点提供的满足消费者核心利益之外的附加效用。比如：餐饮企业为客人免费泊车、洗车、为预订客人送餐、为等待聚餐的客人减少等候时间或改善等候状况、保证菜品质量和数量，以及注重饮食营养搭配等。

（二）价格策略

价格策略是企业经营中最为敏感的问题之一。营销人员将价格视为占领市场的几大策略之一，顾客对价格同样非常敏感。价格合理，意味着"物有所值"，即菜点售价与顾客心目中该菜点的价格定位相互吻合。然而，顾客的价值观念却因消费侧重点的不同而产生差异。消费过程中的利益需求和声望要求，都会影响顾客对菜点价值的判断。

厨房菜点价格定得是否合理，直接影响菜点的吸引力和客源数量，并最终影响经营效益。由于厨房菜点价格构成和餐饮经营方式的独特性，厨房菜点定价的方法，也应该区别于其他产品。

（三）营销策略

1. 广告营销

广告营销的形式包括报纸、杂志、广播、电视、电影、户外包装、邮寄品、商品目录、招贴和传单等。

广告是一种高度公开的信息沟通方式，可以同时向多人传递相同的信息；可以多次重复某一信息，允许购买者接受和比较各种竞争者的信息；能够巧妙地运用印刷技术、声音和颜色，将餐饮企业和菜点充分展示给消费者；但广告对观众只能进行"独白"，而不能与之对话。

2. 促销

促销的方式包括竞赛、竞技、兑奖、赠品、样品、展销会、示范表演、赠券等。

促销能吸引消费者的注意力，刺激消费者针对提供的好处做出更强烈、更快速的反应，从而促进购买。

3. 公共关系营销

公共关系营销的形式包括演讲、研讨会、年度报告会、慈善捐款等。

研讨会、年度报告会等特殊事件无疑可以引起新闻界的关注，而新闻故事和特写对读者来说，比广告更可靠、更可信；很多潜在的顾客回避推销人员和广告，以新闻方式推出产品则可以使顾客放松警戒。

4. 人员推销

人员推销的方式包括推销展示陈说、销售会议、电话推销、销售刺激计划、销售人员提供样品等。

人员推销在一种生动、直接和相互影响的关系中进行，双方都能在咫尺之间观察对方的需求和特征，在瞬息之间做出调整，直接做出反应；注重实际的销售关系，直至产生浓厚的个人友谊，可长期保持良好关系。

三、菜点生命周期及营销策略

（一）菜点生命周期简介

生命周期又称寿命周期，是指厨房菜点从投放市场到退出市场的全过程，包括投入期、成长期、成熟期和衰退期四个不同阶段。图中的两条曲线，L 曲线表示厨房菜点的销售额或销售量，R 曲线表示厨房菜点的销售利润。厨房菜点的生命周期如图 6-2 所示。

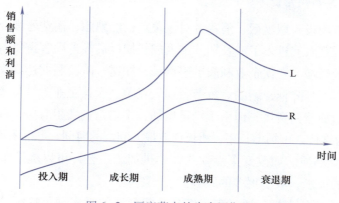

图 6-2　厨房菜点的生命周期图

（二）厨房菜点生命周期四个阶段的营销策略

厨房菜点生命周期的四个阶段呈现出不同的市场特征，营销策略也就以各阶段的特征为基点来制定和实施。

1. 投入期市场营销策略

投入期的特征是菜点销量少，营销费用高，生产成本高，销售利润很低甚至为负值。根据这一阶段的特点，餐饮企业应努力做到，投入市场的菜点要有针对性；进入市场的时机要合适；设法把销售力量直接投向最有可能的消费者，使市场尽快接受该菜点，以缩短投入期，更快地进入成长期。

在菜点的投入期，一般可以由菜点、分销、价格、营销四个基本要素组合成各种不同的市场营销策略。仅将价格高低与营销费用高低结合起来考虑，就有下面四种策略。

（1）快速撇脂策略。即以高价格、高营销费用推出新菜点。实行高价策略可在每单位销售额中获取最大利润，尽快收回投资；高营销费用能够快速建立知名度，占领市场。实施这一策略须具备以下条件：菜点有较大的需求潜力；目标顾客求新心理强，急于购买新菜点；企业面临潜在竞争者的威胁，需要及早树立品牌形象。一般而言，在菜点引入阶段，只要新菜点比替代的菜点有明显的优势，顾客对其价格就不会那么计较。

（2）缓慢撇脂策略。以高价格、低营销费用推出新菜点，目的是以尽可能低的费用开支求得更多的利润。实施这一策略的条件是：市场规模较小；菜点已有一定的知名度；目标顾客愿意支付高价；潜在竞争的威胁不大。

（3）快速渗透策略。以低价格、高营销费用推出新菜点。目的在于先发制人，以最快的速度打入市场，取得尽可能大的市场占有率。然后再随着销量的扩大，使单位成本降低，取得规模效益。实施这一策略的条件是：该菜点市场容量相当大；潜在消费者对菜点不了解，且对价格十分敏感；潜在竞争较为激烈；菜点的单位制造成本可随生产规模和销售量的扩大迅速降低。

（4）缓慢渗透策略。以低价格、低营销费用推出新菜点。低价可扩大销售，低营销费用可降低营销成本，增加利润。这种策略的适用条件是：市场容量很大；市场上该菜点的知名度较高；市场对价格十分敏感；存在某些潜在的竞争者，但威胁不大。

2. 成长期市场营销策略

新菜点经过市场投入期以后，消费者对该菜点已经熟悉，消费习惯业已形成，销售量迅速增长，这种新菜点就进入了成长期。进入成长期以后，老顾客重复购买，并且带来了新的顾客，销售量激增，餐饮企业利润迅速增长，在这一阶段利润达到高峰。随着销售量的增大，菜点成本逐步降低，新的竞争者会加入竞争。餐饮企业为维持市场的继续成长，需要保持或稍微增加营销费用，但由于销量增加，平均营销费用有所下降。针对成长期的特点，餐饮企业为维持其市场增长率，延长获取最大利润的时间，可以采用以下几种策略。

（1）改善菜点品质。如改变菜点款式，改进加工工艺，可以提高菜点的竞争能力，满足顾客更广泛的需求，吸引更多的顾客。

（2）寻找新的细分市场。通过市场细分，找到新的尚未满足的细分市场，根据其需要开发新菜品，迅速进入这一新的市场。

（3）改变广告宣传的重点。把广告宣传的重心从介绍菜点转到树立菜点形象上来，打造名牌菜点，维系老顾客，吸引新顾客。

（4）适时降价。在适当的时机，可以采取降价策略，以激发那些对价格比较敏感的消费者产生购买动机和采取购买行动。

3. 成熟期市场营销策略

进入成熟期以后，菜点的销售量增长缓慢，逐步达到最高峰，然后缓慢下降；菜点的销售利润也从成长期的最高点开始下降；市场竞争非常激烈，各家餐饮企业的同类菜点不断出现。对成熟期的菜点，宜采取主动出击的策略，使成熟期延长，或使菜点生命周期出现再循环。为此，可以采取以下三种策略：

（1）市场调整策略。这种策略不是要调整菜点本身，而是发现菜点的新用户或改变推销方式等，以使菜点销售量得以提高。

（2）菜点调整策略。这种策略是通过菜点自身的调整来满足顾客的不同需求，吸引有不同需求的顾客。整体菜点概念的任何层次的调整都可视为新菜点再推出。

（3）市场营销组合调整策略。即通过对菜点、定价、渠道、营销四个市场营销组合因素加以综合调整，刺激销售量的回升。常用的方法包括降价、提高营销水平、扩展分销渠道和提高服务质量等。

4. 衰退期市场营销策略

衰退期的主要特点是：菜点销售量急剧下降；企业从这种菜点中获得的利润很低甚至为零；大量的竞争者退出市场；消费者的消费习惯已发生改变等。面对处于衰退期的菜点，餐饮企业需要进行认真的研究分析，决定采取什么策略，在什么时间退出市场。通常有以下几种策略可供选择。

（1）继续策略。继续沿用过去的策略，仍按照原来的细分市场，使用相同的分销渠道、定价及营销方式，直到这种菜点完全退出市场为止。

（2）集中策略。把企业能力和资源集中在最有利的细分市场和分销渠道上，从中获取利润。这样有利于缩短菜点退出市场的时间，同时又能为餐饮企业创造更多的利润。

（3）收缩策略。抛弃没有希望的顾客群体，大幅度降低营销水平，尽量减少营销费用，以增加目前的利润。这样可能导致菜点在市场上的衰退加速，但也能从忠实于这种菜点的顾客中得到利润。

（4）放弃策略。对于衰退比较迅速的菜点，应该当机立断，放弃经营。可以采取完全放弃的形式，如立即停止生产；也可采取逐步放弃的方式，使其所占用的资源逐步转向其他的菜点。

单元二 厨房菜点营销定价策略

菜点定价是营销的重要环节。价格是否适当往往会影响市场的需求变化，影响整个餐厅的竞争地位和能力，甚至还会对餐厅经营收益产生极大影响。了解和掌握菜点定价策略与方法是做好营销工作的关键。

一、厨房菜点定价三条原则

1. 价格反映菜点价值

菜点的价格是以其价值为主要依据制定的。其价值包括三部分：一是菜点原材料、生产设备、服务设施等耗费的价值；二是以工资、奖金等形式支付给劳动者的报酬；三是以税金和利润的形式向国家和企业提供的积累。

2. 价格必须适应市场需求，反映客人的满意程度

菜点的定价要能反映菜点的价值，还应反映供需关系。档次较高的餐厅，其定价可适当高些，因为该餐厅不仅满足客人对饮食的需要，还给客人一种饮食之外的舒适感，旺季时价格可比淡季时略高一些；与地点较差的餐厅相比，地点好的餐厅价格也可以略高一些。久负盛名的餐厅价格自然比一般餐厅要高。但价格的制定必须适应市场的需求，价格不合理，定得过高，超过了消费者的承受能力，必然引起客人的不满，降低消费水准，减少消费量。

3. 制定价格既要相对灵活，又要相对稳定

菜点定价应根据供需关系的变化而变化，可采用优惠价、季节价、浮动价等灵活价。菜点价格应根据市场需求的变化有升有降，从而调节市场需求以增加销售，提高经济效益。但是菜点价格过于频繁地变动，会给潜在的消费者带来心理上的压力和不稳定的感觉，甚至会降低消费者的购买积极性。因此，菜点定价要有相对的稳定性。这并不是说在几年内冻结价格，而是要求菜点价格不宜变化太频繁，更不能随意调价，每次调价幅度不能过大，最好不超过 10%。

二、厨房菜点定价策略

（一）一般的定价策略

1. 合理价位策略

所谓合理价位，是指顾客能负担得起的，并且在餐饮企业盈利的状况下，以餐饮成本为基础，再加上某特定的加价率所制订的售价。餐饮企业将自行制订食物成本比例，并希望能以此比例为基础控制所有的食物成本。

2. 高价位策略

厨房菜点独特、畅销，且餐饮企业知名度高，定位在精致路线，可采取高价位策略。

3. 低价位策略

这是"薄利多销"的定价策略，可以在新菜点营销、出清存货、变现周转等情况下采用。

4. 目录定价策略

将菜点价格印在菜单或贴在招牌价目表上，代表在一段时间之内，不会随意更改菜点价格。虽然菜点价格已经固定了，但是仍可采用折扣等营销手段来增加营业额，如季

节性的时令菜，可不列入固定菜点中，由服务人员推销或设计成特殊的套餐。

（二）折扣优惠策略

1．团体优惠策略

采用"以量定价"的方法。销售的数量多，将会降低单位餐饮成本，故有降低价格的空间。

2．清淡时段优惠策略

例如，下午两点至五点用餐，或是提早使用晚餐（下午五点至七点）可享受价格优惠，七点后恢复原来的定价。

3．常客优惠策略

餐厅应该好好地把握住经常光顾的客人，可运用累积数量的方法吸引顾客继续上门。折扣的幅度可视常客光顾的次数和消费的数额而定。

（三）修正定位策略

除了考虑成本外，企业必须考虑顾客愿意付出的心理价位。一般的做法是做完成本分析、初步定价后，再按需求考虑修正部分。

1．声誉定价策略

有声誉的餐饮企业具有较高的原料及人力成本，以确保出菜的品质、服务的水准和顾客的满意度，所以菜点价格相对较高，拥有高层次的稳定客源。如果削价贱售，顾客反而会怀疑菜品及服务质量而不再光顾。

2．低价诱饵策略

主打某些受欢迎的菜品，通过降低售价来吸引消费者，是企业常用的手法。选择的诱饵菜必须是顾客熟悉且成本不至过高者。但注意这和后面讲到的亏损先导的方法不同，这里的低价一般在成本之上。

3．需求导向策略

这一策略是指调查顾客的需求，以需求来设计菜点和售价。例如，星期五餐厅为了加强在我国餐饮市场上的竞争力，主要针对下午茶、谢师宴等商机设计美式菜点，以吸引年轻的餐饮客源。

4．系列菜点定价策略

系列菜点定价策略是指餐饮企业既可以针对一系列不同目标客户设计可接受的菜点价位，也可针对一系列不同价位的菜价来设计菜式，而不是仅考量单一菜品的成本。例如，广东早茶把茶点价格分为小点 8 元、中点 12 元、大点 20 元，另外，又以点心盘子的种类及大小来分类，此方法对餐厅来说，方便统计及管理。

（四）以竞争为中心的定价策略

此策略需要密切注意及追随竞争的价格，而不是单纯考虑成本及需求与定价之间的关联。餐饮企业在使用此策略时可先考虑需求与成本，再与竞争者的价格比较，在此基础上制定出自己的价格。

1. 追随同行策略

一般小型独立餐厅选用此法较多。因无足够的资金与技术力量，而以市场上同类菜点的价格为依据，跟随竞争者定价。其优点是过程简单、顾客已经接受、不需较多的人力、与同行关系协调；缺点则是缺少新意、竞争者较多。

2. 追高定价策略

采用此方法的餐饮企业应以菜点品质来取胜，适合讲究服务与品质的高级餐厅。

3. 同质低价策略

同质低价策略实际上就是薄利多销。该策略下的餐饮菜点仍需维持一定的品质，否则将缺少竞争力，慢慢会被市场淘汰。

（五）数字心理反应的定价策略

数字心理市场营销定价策略是针对消费者的不同消费心理，制定相应的产品价格以满足不同类型消费者的需求的策略。数字心理反应定价法一般包括尾数定价、整数定价等具体形式。

1. 尾数定价策略

尾数定价又称零头定价，是指餐饮企业针对顾客的求廉心理，在商品定价时有意定一个与整数有一定差额的价格的策略。心理学家的研究表明，价格尾数的微小差别，能够明显影响消费者的购买行为。有时也可以给顾客一种原价打了折扣、菜点便宜的感觉。尾数定价法在欧美国家及我国常以奇数为尾数，如 0.99、9.95 等，这主要是因为消费者对奇数有好感，容易产生一种价格低廉、价格向下的概念。但由于"8"与"发"谐音，在定价中"8"的采用率也较高。尾数定价策略适用于经济型的餐厅。

2. 整数定价策略

整数定价策略即将餐饮菜点价格有意定为整数。整数定价与尾数定价相反，针对的是消费者求名、求方便的心理。由于同类型餐饮菜点的生产者众多，花色品种各异，在许多交易中，顾客往往只能将价格作为判别菜点质量、性能的"指标器"。同时，在众多尾数定价的餐饮菜点中，整数能给人一种方便、简洁的印象。对于餐厅来讲，整数定价的优点是方便计价、结账和数字统计。

三、厨房菜点定价的三个方法

（一）成本导向定价法

成本导向定价法是指企业以餐饮菜点的成本为基础，再加上一定的利润和税金而形成价格的一种定价方法。成本导向定价法简便易行，是我国现阶段最基本、最普遍的定价方法。在实际工作中，作为定价基础的成本，种类繁多。多数餐厅主要根据成本来确定菜点的销售价格，这种以成本为中心的定价策略有各种不同的方法。

1. 成本价格定价法

成本价格定价法，即按成本再加上一定的百分比定价（加价率），不同餐厅定价采用不同的加价率。这是最简单的方法。

$$餐饮菜点的价格 = 成本 \times （1+ 加价率）$$

2. 成本系数定价法

成本系数定价法适用于餐饮企业的菜品定价，其步骤为：

（1）计算菜点成本。

（2）估计菜点成本率。

（3）计算成本系数，用 100% 除以成本率。

（4）计算价格，用菜点成本乘以成本系数。

上述步骤中的成本指菜点的直接成本。

例如：某菜点原料成本为 5.68 元，餐饮经理确定的成本率为 40%，那么该菜点的成本系数为 100%÷40%=2.5，该菜点的价格应为 5.68×2.5=14.2（元）。

该方法的关键是餐饮定价人员要合理地估计菜点成本率，成本率越高，价格就越低。所以，要调高价格就应相应地降低成本率。成本系数定价法的最大优点是使用方便，调整价格时只需用新的成本直接乘以不变的成本系数即可。最大的缺陷是，对不同的菜点没有体现出它们的市场表现。

3. 分类加价法

分类加价法也是适用于餐饮企业菜品定价的方法。为了考虑不同菜点的市场受欢迎程度，克服成本系数法的不足，分类加价法是一个更好的选择。但分类加价法比成本系数法要复杂一些。

分类加价法步骤如下：

（1）确定某菜点加价成本率。

（2）计算菜点成本率：菜点成本率 =100%－（营业费用率 + 该菜点的加价率）。

（3）计算价格：价格 = 菜点成本 ÷ 菜点成本率。

分类加价法中的菜点成本仍然是指菜点的直接成本。

例如：某餐厅在某一预算期内的营业费用率为 52%，该餐厅的两道菜式"腰果鸡丁"和"清炒西芹"的标准菜点成本分别为 9.82 元和 2.25 元，加价率分别为 10% 和 30%，两种菜点的价格应为：

"腰果鸡丁"：菜点成本率 =100%－（52%+10%）=38%

销售价格 =9.82÷38%≈26（元）

"清炒西芹"：菜点成本率 =100%－（52%+30%）=18%

销售价格 =2.25÷18%=12.5（元）

该方法的计算步骤中，只有一个参数需要确定，即菜点的加价率。使用的关键是餐饮定价人员对加价率的合理估计。加价率越高，价格就越高。根据经验，高成本的菜点和销量大的菜点应适当降低加价率；低成本和滞销的菜点应适当提高加价率；开胃品和点心可以采用高加价率。

（二）竞争导向定价法

竞争导向定价法是企业根据市场竞争状况确定商品价格的一种定价方法。其特点是：价格与成本和需求不发生直接关系。竞争导向定价法的具体做法是：企业在制定餐饮菜点价格时，主要以竞争对手的价格为基础，与竞争菜点价格保持一定的比例。即竞争菜点价格未变，即使本企业菜点成本或市场需求变动了，也应维持原价；竞争菜点价格变动，即使自身菜点成本和市场需求未变，也要相应调整价格。这种以竞争为中心的定价方法按同行价格决定自己的价格，以获得合理的收益且可以有效避免风险。

（三）需求导向定价法

需求导向定价法又叫顾客导向定价法，是指餐饮企业根据市场需求状况和餐饮消费者的不同反应分别确定菜点价格的一种定价方式。其特点是：平均成本相同的同一餐饮菜点价格随市场需求变化而变化。需求导向定价法分为两种不同的方法。

1. 理解价值定价法

客人根据餐厅所提供的菜点质量以及服务、广告推销等"非价格因素"会对该餐厅的菜点形成一种观念或态度，餐厅则依据这种观念制定相应的符合消费者价值观的价格。这种方法称为理解价值定价法。

2. 区分需求定价法

区分需求定价法是指餐厅在定价时，按照不同的客人（目标市场），不同的地点的消费水准、方式区别定价。这种定价策略容易取得客人的信任，但不容易掌握。

单元三　厨房菜点营销广告运用

广告是餐饮市场营销常用的工具，也是餐饮企业市场营销组合的重要组成部分之一。对于餐饮企业来说，广告并不能够为其带来直接的经济利益，同时广告还将增加餐饮企业的费用开支，并加重餐饮企业的社会责任。但是，广告作为市场营销组合的一个组成部分，具有不可忽视的作用，它越来越受到餐饮市场营销人员的普遍重视。

一、厨房菜点广告六大作用

1. 宣传餐饮企业及其菜点

餐饮企业的市场形象是企业竞争成败的重要因素，好的企业形象能够赢得顾客的好感和信赖，直接关系着菜点的销售。广告是树立餐饮企业市场形象的有力手段。广告还能使消费者了解餐饮菜点的存在和能够给他们带来的利益，有助于消费者根据广告信息选择适合自己需要的餐饮菜点。

2. 刺激初步需求和选择性需求

一种餐饮菜点刚刚进入市场的时候，常常采用介绍性广告，向市场和潜在消费者提供有关该餐饮菜点的相关信息，刺激初步需求。在同类餐饮菜点市场竞争激烈的环境下，劝说性广告尤其重要。餐饮企业常常采用说服的方式，改变消费者对菜点的看法，劝说消费者购买餐饮菜点，同时形成消费者对该菜点的偏爱。劝说性广告还有一种形式，就是对比性广告，主要是对同类菜点的一个或者多个特点进行比较，刺激消费者的选择性需求。但应注意的是，我国广告管理有关法规明确规定，禁止使用对比广告。因此餐饮企业在刺激选择性需求时，应通过寓意对比而非直接对比的手法设计广告。

3. 削弱竞争对手广告的影响

餐饮市场营销中常使用所谓的"守势广告"，主要用来削弱竞争对手广告的作用。这类广告的作用不在于促进菜点销售量的增加，它的功能主要是增强自己的菜点与同类菜点竞争的力度，提高知名度，保持菜点的销售稳定。

4. 提高销售人员销售效率

销售人员营销在餐饮营销活动中占有相当重要的地位，餐饮企业需要在营销广告中标明营销人员和本企业的联系方法，鼓励消费者前来索取更多关于其餐饮菜点的相关信息。通过广告在消费者心目中建立起餐饮品牌形象，有利于提高营销人员的营销效率。

5. 增强消费者的信任感

在餐饮菜点的成熟阶段，餐饮企业使用提示性广告提示消费者，可以保持餐饮企业及其菜点的知名度和社会影响力。增强消费者信任感的广告主要用于证实消费者对该餐饮菜点的选择是正确的。

6. 稳定销售，减少销售波动

餐饮企业通过广告引导消费者改变购买时间，在旺季，减少广告投入以节省经费开支，同时避免对需求过度刺激。在淡季，加大广告的投入力度，刺激消费者的消费需求以增加销售。

二、餐饮广告常用媒介

（一）宣传单

餐饮企业将信息制作成印刷品向消费者发放，如在宣传单上展示企业的历史，餐厅的布局、设施，菜品的价格、风味，以及服务的特色等。宣传单是投入少、效果显著的一种广告宣传手段，被广为采用。

（二）旅游指南广告

在针对特定的目标市场和地理区域发行的旅游城市指南、饭店指南、城市旅游交通图等上做广告具有较强的市场针对性，广告效果好，费用低廉，有时列入旅游指南还不需要支付费用。有些地区的政府专门制作定期更新的旅游手册，由于其在当地几乎所有宾馆都会放置，能够广泛接触旅游消费者，因此也是餐饮广告的好媒介。

（三）电视广告

电视将图像和声音、文字结合在一起，能产生强烈的效果，也是餐饮企业树立良好社会形象的有效手段。

1. 电视广告的优点

（1）覆盖面广，形式为消费者喜闻乐见，影响面大。

（2）因电视有形、有声、有色，可以生动、逼真地展示餐饮菜点的特点，感染力强。

（3）宣传手法灵活多样，可以从各个方面传递餐饮菜点的信息。

2. 电视广告的缺点

（1）展示时间短，不易存查和编辑。

（2）广告费用昂贵。

（3）受时间和频道的限制，观众只能被动接受，信息只能进行单向传递。

（4）播放的广告繁多，易分散观众的注意力，降低广告的效果。

（四）网络媒体广告

简单地说，网络广告就是在网络上做的广告，是指利用网站上的广告横幅、文本链接、多媒体，在互联网上刊登或发布广告，通过网络传递给互联网用户的一种高科技广告运作方式。网络广告具有得天独厚的优势，是实施现代营销媒体战略的重要组成部分。互联网是一个全新的广告媒体，速度快且效果理想，是中小企业发展壮大的很好途径，对于广泛开展国际业务的公司更是如此。网络广告覆盖面广，观众数目庞大，传播范围广；不受时间限制，广告效果持久；方式灵活，互动性强；可以分类检索，广告针对性强；制作简单，广告费用低；可以准确地统计受众数量。

三、广告创意提升广告价值

广告创意是指通过独特的技术手法或巧妙的广告创作脚本，突出体现菜点特性和品牌内涵，并以此促进菜点销售。简单来说，就是通过大胆新奇的手法来制造与众不同的视听效果，最大限度地吸引消费者，从而达到品牌声浪传播与菜点营销的目的。

（一）餐饮广告创意的目的

餐饮广告之所以要有创意，是因为要达到四个目的。

（1）吸引消费者的注意力。一位广告专家曾说过，"人们注意到这则广告，这则广告就成功了一半。"

（2）创新出色的广告，能更深刻、生动、具体地表现和证明广告的主题，可以将餐馆的优势完整地推介给消费者。

（3）优秀的广告能给消费者留下深刻的印象和美好的记忆，让他们有目的地选择餐馆消费。

（4）出色的餐饮广告，消费者只要接触一两次，就能萌生到此餐馆就餐的欲望。

（二）贴切主题是创意的重点

出色的创意，更是离不开贴切的广告主题。广告主题就是整个广告的中心思想，是广告宣传的重点。餐饮企业的广告主题主要有两种：一种是以菜点为中心，强调菜点某个方面的特点；一种是以顾客为中心，强调菜点能给顾客带来的利益和好处。

1. 围绕主题，简明有力

出色的广告总是以出人意料、有趣甚至是令人吃惊的方式，表现菜点及菜点与消费者的关系。餐馆广告希望表现的更多是食客喜爱的菜点、服务与价格。在此主题的指引下，创作人员就应该经过精心构思，令生活中看似寻常的事物产生惊人的表现力。同时，要分清主次，贵精不贵多。

2. 独树一帜，避免雷同

出色的广告创意是用新的方法组合原来的要素。创作人员要不断寻找各种事物之间存在的一般或不一般的关系，将这些关系重新组合，使之产生新意。

3. 立意表现，新颖多姿

要让广告的创意新颖多姿。可口可乐的广告花样年年翻新，它摒弃一般饮料广告常用的主题，针对时下青年寻新求快的心态，不断改变主题，配以充满生气、快乐、友爱的画面和乐曲，有力地强调了可口可乐给消费者带来的乐趣和情感上的满足。

4. 切忌引起消极联想

有些广告只顾制造轰动效应，却不考虑客观效果，最终产生不良影响，既浪费宝贵的广告经费，又给企业带来了难以挽回的损失。出色的广告创意，无论怎样新奇，都应该是消费者喜闻乐见的，如果只追求标新立异，却拒消费者于千里之外，那么广告的效果可想而知。有些餐饮广告把"海鲜大降价"作为广告创意的主题，不具体说明为什么海鲜会大降价，反而会让食客产生"海鲜可能有问题"这类消极联想。

四、餐饮广告策划程序

1. 识别广告要吸引的就餐对象

在广告策划过程中，首先应该对餐饮菜点的市场状况进行分析，了解该菜点在市场上的地位，同时了解潜在消费者的地理分布、收入、社会阶层以及对餐饮企业的态度和心理状况等信息，把握竞争企业和菜点的状况，从而为进行有针对性的广告策划奠定基础。

广告对象是指广告诉求的对象，即餐饮广告想要吸引和诱导的就餐对象。餐饮企业在选择广告对象时，应通过对菜点、竞争对手以及市场调查和分析，结合潜在消费者的差异情况，选择有效的广告对象。

2. 确定餐饮广告的目标

餐饮广告的目标应该与餐饮营销目标及餐饮总目标一致。餐厅与目标市场潜在客人进行"交流"时会出现认识、感觉及行动三个方面的问题，广告的目标可定为认识目标、感觉目标及行动目标。广告的目标决策是餐饮广告成功与否的关键性一步，广告目标不同，会引起广告的主题、正文及其他内容各不相同。

3. 进行广告设计

设计能打动、吸引人的广告词和广告提纲，突出自己的风格和特点。

4．确定餐饮广告预算

确定广告预算有以下方法：

（1）采用销售百分比法确定。根据总营业额的一定比例或根据上一年的销售收入及下一年预计的收入来确定一个比例，作为广告的预算费用。

（2）根据实际经济实力确定。

（3）采用竞争比较法确定。这种方法是指为了保护市场占有率而根据竞争对手的广告费用来确定自己餐厅的广告预算费用。

（4）根据目标和任务确定。

（5）采用其他方法确定。在餐饮实际营销活动中，许多营销人员并不采用上述的广告费用预算方法，而常用广告的期望收入来估计预算费用，或用上一年的广告收入来确定下一年的广告预算费用。也有些人用期望的利润作为估计广告预算费用的依据。还有些人干脆凭借自己的直觉或经验来确定广告的预算费用。

5．选择合适的广告媒体

餐饮企业在选择广告媒体的时候，既可以选择单一的媒体，也可以选择两种以上的媒体进行组合宣传。在选择媒体组合时，餐饮企业应在细致地调查广告媒体的基础上，充分了解各类媒体的收费情况、受众、权威性、影响范围等详细信息，再针对厨房菜点的特点，结合各种广告媒体的优势，取长补短，选择能够有效地向消费者传递菜点信息的广告媒体加以组合，从而更好地刺激消费者的需求，促进销售。

6．确定广告时间

广告时间是指广告在各类媒体上发布的具体期限、时间（或时段）。在投放餐饮广告之前，应对菜点的特点、市场、竞争对手、消费者习惯等多方面因素进行分析，从而确定广告投放能够达到既定目标的期限、时间和开始发布的时机。如使用报纸来发布餐饮菜点信息，一般在周四和周五发布能够取得比较理想的效果。

7．优选广告内容

餐饮广告的一个重要方面是广告内容。广告内容是指广告向广告对象所传递的全部信息的总和，即广告诉求的范围和重点。广告内容的确定原则，首先是广告的主题要反映市场营销定位；其次是在传递的信息上应做到充分、真实、简洁、健康和实在。餐饮广告的另一个重要方面是广告的表现形式，成功的表现形式和强烈的广告印象对提高广告效果至关重要。

8．制作和审查广告文案

广告文案是为产品写下的能够打动消费者内心的文字。这一步工作常由广告机构去完成。优秀的广告应该是由广告标题、副标题、正文、插图、音响效果、识别标志等内容所组成的一个协调的整体。在制作完成广告文案后，餐饮企业应组织相关人员对文案进行审查，避免出现违规现象。

9．广告的执行

广告执行计划是指详细的广告安排程序，一般以表格形式确定不同阶段的广告活动内容、经费支出、媒介选择、时间安排等，是广告活动执行的方案。餐饮企业选择广告媒体和广告公司时，应该综合考虑企业的财力、广告费用、广告的覆盖率和广告的效果等因素。

10. 广告效果的评估

经过一段时间的广告宣传后，广告人员便可根据事先确定好的检查方法来评估餐饮广告的实际效果。这是餐饮广告管理工作的最后一步，这一步工作能为餐饮广告人员在以后的广告决策中提供方便。

单元四　美食节营销策划与运作

美食节是在企业正常经营的基础上所举办的多种形式的有某一主题的系列菜点推销活动。美食节销售活动是现代饭店餐饮经营不可或缺的一种厨房菜点与服务销售形式，也是餐饮业营造个性特色、扩大菜点销售的重要手段。美食节的成功举办需要刻意挖掘适应市场的新菜点，只有唯我独有，才具备较强的竞争力。只有定位准确，才能拿出顾客满意的菜点。

一、美食节营销的作用

美食节从开始时的参与者寥寥，到后来餐饮经营者和消费者踊跃参与，人们已逐渐认识到它的作用。对于举办者和餐饮经营者而言，美食节是一个美食的营销、展示活动，是树立和提升品牌的重要而有效的手段之一，能够增加菜点销售与经济效益。对于餐饮消费者而言，美食节是一个了解美食、品尝美食的全民活动，可以丰富自身的饮食生活。

二、确定美食节营销主题三要素

美食节的主题至关重要，决定了美食节的吸引力，也决定了餐厅装饰、服务形式、娱乐形式、员工制服、用具选择和宣传营销手段。饭店和餐饮企业在策划活动中可抓住契机，从不同的角度、不同的层面确定美食节的主题。但在具体确定美食节主题的过程中，厨房和餐饮管理人员应当注意以下几点：

1. 美食节营销主题要与餐厅自身条件相符合

在确定美食节营销主题时，餐厅应根据自身情况来通盘考虑设计主题。一方面要考虑餐厅的经营档次和经营风格，另一方面要考虑员工的技术能力，厨房的设备设施以及餐饮服务提供系统的实际情况。不同的餐厅可选择不同的主题活动，这应视餐厅的具体情况而定，切不可不伦不类。厨房员工的技术水平在很大程度上影响和限制了菜点菜式的种类和规格。设施设备的运作情况对美食节营销主题也有很大影响，特别是高档次的美食节活动更是如此。另外，食物原料的供应情况也是美食节活动不可忽视的一个方面，在构思之前就要考虑到本地的具体特点，以保证美食节活动的顺利开展和圆满成功。

2. 美食节营销主题要与餐厅的形象一致

美食节营销主题是餐厅一切业务活动的中心，它的制定将直接影响和支配餐厅经营和餐饮服务的提供系统。美食节营销活动的进行是为了树立和强化餐厅的形象，增加无形资产，进而增加销售收入，是餐厅营销活动的重要内容，因此，美食节的举办应当与餐厅已经形成或者正在形成的形象一致，应谨慎地选择美食节营销主题，如在二星级饭店举办"法国大餐美食节"就显得不合时宜。

3. 美食节营销主题应当符合并满足市场需求

人们的消费观念在不断地变化和更新，对餐饮消费的需求也随着时代的不断变化而发展。美食节的所有活动都是围绕主题而展开的，为了使美食节的活动内容取得客人的认同和参与，美食节的主题首先应当迎合客人的要求，只有在适当的主题的指引下，餐厅才能开发出满足客人需要的美食节餐饮菜点、服务以及各种活动。因此，管理人员应重视市场调查，深入了解客人的需求。

三、影响美食节菜品确定的六因素

1. 主题和菜品

厨房管理者应根据美食节所确定的主题，搜集与美食节主题有关的资料，再从有关烹饪食谱、书籍及杂志中选出适合的菜品，以备参考。通过对菜品的分析，确定应保留的菜品，并进行试制，经调整后建立每道菜的标准菜谱，明确美食节的菜点。

2. 原料及供应情况

要充分考虑原料季节和产地的供应状况，进行备料工作。要了解菜品是否适应当地饮食习俗，以进一步修改菜式，最大限度满足客人对菜品的需求。要确保原料不能断货，以防止因原料不足而影响酒店声誉。

3. 员工的技术能力

菜点的设计要考虑到厨房工作人员的技术力量，厨房员工技术水平在很大程度上影响和限制了菜式的种类。外聘厨师时，也要充分了解其技术水平，以防请来的厨师达不到期望水平，造成不必要的损失。

4. 厨房的设施设备能力

菜点设计还应考虑厨房的设施情况及设备的配置，设备的质量将直接影响食物制作的质量和速度，美食节需要的烹饪器具一定要在美食节举办之前先购买试用，以保证菜点与器具充分地配合，创造出最高的效用与利润。

5. 餐饮服务系统的实际情况

美食节的菜式品种越丰富，所需要的餐具种类就越多；菜式水准越高，所需要的餐具就越特殊；原料价格昂贵的菜式过多，必然会导致菜点成本加大；精雕细刻的菜式偏多，也会增加许多劳动力成本。各酒店应根据美食节菜点的品种、水平及其特色来选择购置设备、炊具和餐具，以保证美食节的正常使用。

四、常用美食节营销十三类主题

美食节的主题较多，内容相当广泛。这里将美食节主题做一简单的归纳和分析，供大家选择和参考。

1. 以某一类原料为主题

以某一原料或某一类原料为主题策划的美食节，主要体现原料的风格特色。在使用原料方面，许多美食节活动抓住时令的特点，推出新上市的时令佳肴，如初春的"野蔬美食节"，夏季的"鲜果美食节"等；或体现原料的风格，如"海鲜菜点美食节"等；或体现其制作技艺，如"全羊席美食节""全鸭席美食节""全素宴美食节"等。图6-3为某酒店海鲜菜点美食节部分菜品。

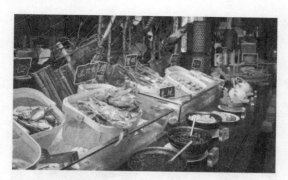

图6-3　某酒店海鲜菜点美食节部分菜品

2. 以节假日为主题

利用节假日营销推出的美食节，这种方法在国内外运用得较为普遍。自我国实行双休日和黄金周以来，节假日休闲消费已成为餐饮经营的一大热点，各餐厅美食节活动更是十分火爆、气氛热烈。节日都已成为我国餐饮界大做文章的最好时机。如"迎春团圆宴""花灯赏月宴""中秋月圆美食节"等。图6-4为某酒店中秋美食节宣传展板。

图6-4　国际中秋美食节宣传展板

3. 以季节特色为主题

不同的季节有不同的原料和菜点，菜品的风味也各不相同。利用上市季节的不同风格特色可开发出许多主题美食节，如春天来临，万物复苏，各种新鲜水果、水产、蔬菜原料上市，可以推出"春回大地美食节"；夏日炎炎，可推出系列清凉菜点，给顾客提供清凉消夏的环境，推出"花样冰淇淋美食节""夏夜清凉美食节"等。

4. 以地方菜系、民族风味为主题

以某一地方菜系、民族风味为主题的美食节在我国各地、各餐厅运用十分广泛。如"淮扬菜美食节""四川菜美食节""广东菜美食节""云南菜美食节"以及"傣家风味美食节""维吾尔族菜点美食节""瑶寨风味美食节"等。举办这类美食节，可聘请当地有知名度的厨师，特别是民族风味菜点节，还需配以民族风格浓郁的餐厅装饰、餐具和具有代表性的民族特色菜点，尽力渲染和增加美食节的气氛。图6-5为深圳某酒店新派川菜美食节餐厅装饰。

图6-5　深圳某酒店新派川菜美食节餐厅装饰

5. 以与名人、名厨有关的菜点为主题

从古至今，我国许多菜点与名人、名厨有很大关系，酒店根据本地、本店的特点，可以推出以名人、名厨命名的美食节。如"东坡菜美食节"；还有以当今名厨绝技绝活命名的美食节，如"江苏十大名厨厨艺展播美食节""南京饭店名厨亮牌名菜展示美食节"等。

6. 以仿制的古代菜点为主题

策划以仿古菜为主题的美食节，可聘请专家和擅长此菜的厨师直接参与此项活动。如"孔府菜美食节"，可直接聘请山东曲阜名厨；如"秦淮仿明菜美食月"，可请有关专家与厨师一起研究并仿制明代的菜点，使明代菜谱与民间传说、诗词典故融为一体；"随园菜美食节"的菜点是根据清代袁枚《随园食单》中的菜点研制而成的；"红楼菜美食节"仿制的是曹雪芹《红楼梦》中记述的佳肴。图6-6为孔府菜美食节开幕式。

图6-6　孔府菜美食节开幕式

7. 以本地区、本餐厅菜点为主题

餐厅可利用本地区、本酒店的传统菜、特色菜、创新菜推出的美食节如"某某饭店创新菜美食节""饭店名菜展示月""金陵饭店名菜回顾展"等。以本店的特色风味菜，或以本地区的风景名胜、地理优势为主线组织美食节内容，也可以产生奇特的效果。如"运河菜点风味展"，以运河为主要线索，配置与运河有关的系列菜点进行展示活动。"秦淮小吃美食节"，以南京秦淮地区的风味小吃为主，将那些千姿百态、风格别具的干、湿、水性小吃品充分展示出来，届时可推出"秦淮小吃宴""秦淮小吃套粉"等。图6-7为秦淮小吃美食节。

图6-7　秦淮小吃美食节

8. 以某种技法和菜点为主题

以某一种烹饪、操作技法和某一类菜点为主题的美食节，如"系列烧烤菜美食节"，既可选择在某一餐厅内，也可在户外举办。烧烤菜点面对客人现场烹制，场面热烈，气氛融洽，各式烧烤菜点别具风味。"系列串炸菜美食节"，利用各种荤素原料切成棋子大小，先用竹签串好，放入油锅炸制，然后撒上调料，别有一番情趣。另外，可利用某些菜点作为主题，推出特色美食，如"饺子宴美食节""包子美食周""嘉兴粽子美食展"等。

9. 以菜点功能特色为主题

餐饮企业可根据菜点原料、菜点的营养与功能特色确定美食节的主题，如"药膳菜点美食节""食疗菜点美食节"，可推出延年益寿菜点、减肥菜点、补气养血菜点、养肝明目菜点等。

10. 以某种餐具器皿为主题

以某种特殊餐具器皿为主题的美食节，如"系列火锅美食节"，有一人用火锅，有多人用边炉火锅，还有各具特色的烧烤火锅、石头火锅，等等。"系列铁板菜美食节"，将特制的生铁板烧红后，淋上油，撒上洋葱丝，下烤上燎，热气腾腾，气氛浓烈，各式荤素菜点尽显风味。在"各式砂锅菜美食节"上，以大小不同的砂锅为主体烹制菜点，可一人一锅，品种各不相同。

11．以普通百姓大众化菜点为主题

以适应工薪阶层的菜品作为美食节主题，可以迎合广大消费者的需求，能够更好地服务广大市民和普通大众，如"家常风味美食节""乡土风味美食节""田园风味美食节""地方小吃菜点展""贵阳风味小吃宴"等。家常风味、乡土菜品已成为越来越多消费者的首选，家常风味宴席也成为许多酒店的畅销品种。

12．以某一宴席或几种宴席菜点为主题

美食节活动也可直接以某一种或几种宴席菜点作为主题。因酒店的客情较好，平时也较忙，为了展示餐厅特色，美食节期间可只销售宴会菜点，不提供零点菜；或因为人手有限，每天只供应几桌，只能提前订餐。如由中餐西吃菜点组成的"中西合璧宴"；以赏花灯、猜谜、娱乐为主的"花灯宴"；以团圆菜点组成的"合家欢宴"；以南方地区海菜点为主的"闽越海味宴"，等等。

13．以外来菜品为主题

有条件的餐厅可突出自己的餐饮风格特色，开发一些外国风味的美食节，如"日本菜美食节""西班牙菜点美食节""阿拉伯菜美食节""东南亚风味菜点美食节"等。以外来菜品为主题的美食节，或聘请外国名厨料理，或请有关专家指导，或渲染本店餐饮风味菜式，可做套餐、零点，也可利用自助餐形式和宴会形式等。

五、美食节营销运作六大关键点

1．通过调查研究，编写全年计划

美食市场调研是餐饮管理者在对本地区各餐厅进行美食调查以后、在制订全年计划之前所做的竞争性预测和定向性资料的搜寻、分析的过程。市场调研是一个餐饮管理者必须掌握的基本管理技巧。美食节市场调研需要管理者具有精确的分析判断能力，管理者凭借自身的洞察力，透彻地剖析市场情况，设计自己的美食节活动在市场中的定向、定位和竞争性，从而增强自身的竞争能力，使自己的美食节活动成功地投入市场。

年度美食节计划是根据未来餐饮消费趋势和市场竞争状况，以时间序列为主要线索，统筹安排在未来一年酒店拟组织、开展的各项美食节营销活动。较之于专项美食节计划，年度计划显得较为笼统、简单，它仅仅大致设想了餐厅在未来一年中将要组织的美食节活动，至于活动的具体细节则未加充分考虑。它是餐厅制订专项美食节活动计划的指南。

2．依据主题内容，预算投资费用

餐饮企业通常会根据全年计划的具体时间和主题内容，同时兼顾时令性和技术力量的来源，以确保美食节能如期举办并取得较好效果。

有条件的餐厅，应由运营总经理召集餐厅经理、厨师长、公关经理、营销部经理等有关人员一起研究讨论，依据主题内容，然后进行分头工作，提出具体要求，以保证美食节活动有目的、有计划、有组织地顺利开展。美食节活动要对投入的原材料、设备和聘请的厨房工作人员做出预算，并对客源做出预测，分析可能接待的人次、人均消费和销售收入，并对如何组织客源提出解决办法和措施，以供领导决策参考，确保美食节活

动能够取得预期效果。

3. 制定美食菜点，落实具体人员

制定一份富有新意和吸引力的美食节推销菜点单（计划）（包括小吃、点心单等）是十分重要的。美食节的所有活动归根到底都落实在菜点上。菜点编排的好坏对美食节的整个过程都具有举足轻重的影响，菜点品种的选定要突出美食节的特点，还要考虑到顾客的实用价值，既要考虑菜品的风味特色，又要考虑到厨房技术力量，还要考虑到菜点有无新意。要从菜点的档次、价格方面进行合理的搭配组合，进而要测算每份菜的成本、毛利和售价。

美食节活动期间，餐厅所有人员应依据活动期间的客情，合理安排和落实具体人员，以保证美食节活动的万无一失，如果既定的美食节碰到厨房生产比较繁忙的时候，应调剂、落实各岗位人员，以确保美食节的正常进行。这就要求餐厅内部做好详细的时间计划，力求使有限的人员、场地、设备用具发挥更大的作用。

4. 保证货源供给，开展宣传营销

菜点确定以后一个很重要的工作就是筹备和策划美食节所需的各种原材料，不仅要备齐美食节推出菜点的主料、配料，同时还要根据美食节用料清单，想方设法备齐各种调味品、盛装器皿和装饰物品。采供部要会同餐厅前后台做好各项原物料的采购工作。所购原物料的好坏，对餐厅装饰气氛、菜点口味、菜品造型等都起着重要的作用。

美食节对外界的影响大小和成功与否，在很大程度上取决于广告的宣传作用，要在美食节举办之前，详细周密地计划和分步实施广告宣传活动。要根据美食节的特点和主题，选择一定的广告宣传媒体，进行相应的广告宣传工作。

5. 做好现场管理，加强内部协调

美食节活动以厨房、餐厅为主体，同时需要各级、各部门的协调和配合。各部门应根据活动计划的安排，积极主动地做好各方面的准备，实行标准化管理。采购部门每天保证菜点原材料供应，厨房按菜点设计生产，保证菜点质量；餐厅按美食节活动计划要求，每天搞好环境布置，热情推销菜点；工程部门保证席间节目设施、设备安全，在空调、灯光、演出设备等方面满足活动需要。

餐饮部经理和行政总厨（厨师长）要加强巡视检查，随时征求客人意见，不断改进服务质量，处理各种疑难问题，保证美食节活动的成功。

6. 认真总结评估，完善档案资料

美食节是餐厅的一项综合性、集体性的活动，在筹备阶段，美食节组委会经常召开碰头会，研究问题，落实措施。美食节期间，组委会不定期召开碰头会，研究营销策略和市场反馈，即时调整布局。美食节结束，要召开总结会，应对美食节进行全过程的总结评估，以积累一定的组织筹划、原料采供、生产制作等方面的经验教训。

美食节结束以后，餐厅转入正常经营。餐饮部经理、总厨师长要认真总结经验教训，全面分析美食节活动效果。对美食节活动的计划安排、准备工作、各级各部门的协调情

况、菜点销售情况、服务质量、客人反馈等，做出具体分析，写出总结报告。要肯定成绩，明确指出问题，以便为今后的美食节活动提供决策参考。

单元五　节假日营销策划与运作

节假日通常是指特殊的纪念日、传统的举行庆祝活动或祭祀的日子以及国家法定的节假日。从酒店的营销角度而言，节假日还包括企业或政府为特定的目的而举办的社会新兴节日和公众个人的带薪假日。

一、节假日呈现的三大特点

1. 节假日类别多样，文化内涵不一

节假日包括社会公认的节假日、消费者的个人节日和餐厅的自创节日三个类别。社会公认的节日就是社会中为部分社会公众或全部社会公众所承认和提倡的节假日。它由国家的法定节假日、传统节日和社会的新兴节日（是指由国家、地区政府或行业协会举办或承办的，以促进销售或传播社会文化、理念等为目的的新出现的节日，如时装节）四个部分组成；消费者的个人节日包括单体消费者个人的生日、结婚纪念日、人生中重要事件的纪念日以及个人的带薪假日和群体单位消费者的诞生纪念日等一些对消费者具有重要意义的日子；餐厅的自创节日是指餐厅自身的诞生纪念日、餐厅史中的特殊纪念日和餐厅出于获利目的的举办的各种主题节日。

节假日类别的多样性和文化内涵的相异性决定了餐厅的节假日营销活动必须具有针对性，餐厅应该根据节假日的类型和文化内涵选择合适的营销主题，注意区分节假日的不同产生背景，以适应不同客人的需要。不同象征意义的节日适合不同的营销主题，需要采用不同的营销手法。

2. 节假日面对的对象不同

不同的节假日涉及不同的社会公众，所面对的公众数量也有差异。比如，国庆节面对全国所有的公众，圣诞节则只为西方人和少数中国人所提倡和庆祝。

节假日面对的对象不同意味着餐厅的节假日目标市场有差异，餐厅所选择的营销方法也应针对性地发生改变。在餐厅营销市场日益专业化、细分化的今天，餐厅应努力开拓客源市场，抓住每一个市场机会。比如，消费者的个人节假日虽只针对特殊的少量公众，而且时间较为分散，但消费者的个人假日尤其是带薪假期能使他们产生外出旅游的强烈需要，这种动机引发的旅游行为常常伴随着旅游的高消费，因此应成为餐厅重点挖掘的对象。同时，除了单体的个人消费者以外，作为群体的单位消费者也会有自己的诞生庆祝日。这种节日常常伴随着单位的群体消费，会给餐厅带来会议、客房、餐饮等多方面的收入，而且消费量大，因此也应成为餐厅力争的客源之一。

3. 节假日数量众多，时间间隔不均匀

数量众多是节假日一个较为显著的特点。我国的法定休假时间每年总共有 114 天左

右，约占全年总时间的 1/3，再加上个人的带薪假期和其他一些没有节休的节日，构成了数量庞大的节假日群。从餐厅的营销角度而言，节假日之间的时间间隔不均匀。具体表现为一月、二月、十二月节假日分布较多，其他月份节日分布较为稀疏。

节假日数量多意味着餐厅的节假日营销主题也多，从而给餐厅带来更多选择机会。但节假日分布不均则给餐厅的布置装饰带来一定困难，特别是节假日聚集过密时，餐厅装饰的频繁变换会带来成本费用的升高，因此成为餐厅节假日营销应该注意的一个问题。

二、目标市场选择的两种方法

开展节假日营销活动之前，首先应对市场进行细分，选择合适的细分目标市场作为酒店的节假日营销目标市场。目标市场的确定有两种方法：交叉市场选择法和单一市场选择法。

1．交叉市场选择法

交叉市场选择法是指将自己原有的目标市场与节假日面对的对象进行比较，确定其交叉区，将这个交叉区作为节假日营销目标市场的方法。成熟的餐厅都有自己的专营目标市场。开展节假日营销活动时，可先确定自己的原有目标市场，再以此为基础寻找节假日面对对象与餐厅原有目标市场的契合区，此契合区就成为节假日目标市场。

2．单一市场选择法

单一市场选择法是指直接将节假日所面对的对象作为餐厅节假日营销目标市场的一种选择法。正确地选择节假日营销目标市场是餐厅成功开展节假日营销活动的基础。

三、节假日营销目的选择

获取经济利益，取得长远发展，是餐厅开展营销活动的最终归宿。在餐厅的实际经营中，从短期看来，节假日的营销目的可分为直接获利型、提升形象型和综合效益型三个类别。

1．直接获利型

直接获利型是指以获取直接的经济利益为目的而开展的节假日营销活动类型。随着我国经济的发展和人民生活水平的提高，人们的旅游需求也越来越强烈，由此而产生的对厨房菜点的需求也是多层次、多样性的，因此餐厅有着非常巨大的市场潜力。厨房菜点的营销活动要想取得良好的经济效益，关键在于抓住目标市场的特殊需求。许多餐厅应突破传统营销的局限，将经营目光从单一的高档消费市场转向多元化、多层次的各级消费市场。南京某宾馆餐厅抓住工薪阶层周末休闲的需要，推出"周末休闲晚餐"主题活动，给消费者提供一种轻松愉快、丰俭自便的用餐环境，让他们体验高档宾馆餐厅的消费气氛，通过此活动，厨房菜点销售收入直线攀升。"周末休闲晚餐"也成为该宾馆享誉南京市的一个拳头活动。

2．提升形象型

提升形象型是指在节假日展开的以提升餐厅市场形象为直接目的的市场营销活动类

型。提升形象型营销活动根据餐厅的具体运作方式又可分为展示实力型、公益事业型和传播文化型三个类别：

（1）展示实力型。展示实力型是指餐厅以展示自身厨房菜点的特色、经营实力为手段，以提升餐厅市场形象为目的的节假日营销活动类型。此类活动的主旨在于通过对营销主题的恰当选择，全方位突出餐厅厨房菜点的实力，或者至少要突出餐厅的某一拳头菜点，以此来带动餐厅形象的提升。在实践中，很多餐厅借助于一些节庆活动，对社会公众进行公开献艺，或邀请社会公众参观餐厅的技能比赛，向社会展示餐厅的特色与实力，以此来提高餐厅的市场形象。

（2）公益事业型。公益事业型是指餐厅通过对社会公益事业的关注、捐助而达到提升市场形象目的的节假日营销活动类型。餐厅所选择的公益事业主题必须与节假日的文化内涵基本契合，这样才能达到既宣传公益事业又宣传餐厅形象的双重目的和作用。

（3）传播文化型。传播文化型是指餐厅以传播社会文化和社会理念为手段，以提升餐厅形象为目的而展开的营销活动类型。采用这种营销策划类型的关键在于餐厅所要传播的社会文化和理念要符合传统的道德观念，或者符合人们所提倡的流行的生活方式。

3. 综合效益型

综合效益型是指既能为企业带来直接的经济效益，又有利于餐厅市场形象提升和长远发展的节假日营销活动类型。获取综合效益是餐厅开展营销活动的最高目标。一般说来，顾客对高级餐厅的需求，不仅出于物质满足的需要，更有精神层次的追求。因此，餐厅节假日营销活动能不能获取综合效益取决于餐厅展开的节假日营销活动能否既符合市场的一般需求，又符合社会公众至少是部分社会公众所提倡或追求的流行的生活方式或文化理念，只有双向的结合才能诱导出双重的效益即综合效益。

四、节假日营销主题选择

节假日营销主题是营销活动的核心与灵魂，主题选择的好坏直接关系到营销活动的成败。通常来说，由于节假日本身都有一定的文化内涵与特性，餐厅开展营销活动的节假日一旦确定，其营销主题或者说营销活动的基本框架和方向实质已经大体确定，餐厅所需努力的就是如何最有效地对主题进行阐述和诠释。据此，我们将营销主题的选择方法分为三种，即表达方式创新法、主题延伸法和借用主题法。

1. 表达方式创新法

表达方式创新法是指在确定节假日营销主题的基本框架后，力图从表达方式上进行创新，以新奇的诠释方式来获取营销活动成功的方法。北京某饭店以"月亮人"在中国过"月亮节"（中秋节）为主题，邀请美国宇航员欧文先生来餐厅进行交流，并与员工一起参加中秋联欢活动。欧文先生应邀而至，多家新闻媒体对此进行了报道，该饭店也因为这些报道而频频在公众中亮相，知名度大大提高，名流名人纷至沓来。

2. 主题延伸法

主题延伸法指对节假日所包含的文化内涵、特性元素进行抽剥，从中选择一种或数种元素进行外延，将外延出的元素作为整个主题来进行策划组织。主题延伸法的特点是用单体的元素来代替整个的主题，用这一新奇的宣传元素来引起公众的特有兴趣，从而让公众积极地关注餐厅的节假日营销活动，达到扩大宣传和影响的目的。在实践中此方法常常能够收到出奇制胜的效果。长沙某酒店的餐厅在"六一"来临时，以儿童节为主题，对此主题进行延伸，然后以书法为桥梁，在全市开展少年儿童书法大赛，通过这一活动表现了自己关爱少年儿童、关注民族传统艺术的社会形象，取得了很好的效果。

3. 借用主题法

借用主题法是指在其他单位、团体举行节庆活动的同时，餐厅不直接参与主题活动的策划和组织，只是以一定的形式进行联合宣传，达到餐厅营销目的的主题选择方法。这种方法适合于针对社会新兴节日展开的营销活动。社会新兴节日中的各类电影节、文化节、时装节常常能为举办地带来大量的高档客人、记者等消费群体，因而成为众多餐厅争夺的对象，要想成功地抓住此类客人，餐厅就须采用借用主题法，与主办单位建立某种形式的合作关系，或提供场地，或免费供应部分客房，当然还有其他一些方式，目的就是与主办方进行联合宣传，吸引节日参与者入住酒店。采用这种方法，餐厅不需直接进行主题策划，只需针对主办方的主题采用相应的宣传方法，营销组织工作相对较为简单，但效果却不错，因而此法应用较为普遍。青岛某餐厅就经常利用服装节在青岛举办的机会开展此类营销活动，获得了各界的一致好评。

五、节假日营销六个注意

纵观历年来的实施情况，可以发现如今的厨房菜点营销策划似乎进入了一种误区，节日营销就是搞活动。各家都推出活动，奖品越来越离奇，甚至都发展到了上万元的电脑等，这些活动在举办时无疑会收到奇效，餐厅一时间生意火爆，高朋满座，但活动一过马上又变得冷冷清清。因此，有必要提出符合市场需求的营销规划，从长远发展的角度为餐厅的经营打好坚实的基础。

1. 要求营销活动主题突出，文化特色鲜明

营销活动的组织是节假日营销的主要表现，也是营造节日氛围的主要途径。比如在餐厅的布置、餐台的设计、菜点单的印制、背景音乐和灯光、活动内容等方面都要有所差异。在这方面，许多餐厅的做法很值得提倡。在元旦和春节，以大红灯笼悬挂、贴"福"字、跨年倒计时、发放红包等活动为主；在情人节，则是以玫瑰花、巧克力、烛光晚宴、小提琴伴奏等作为营销的主要表现方式。在这一系列的活动过程中，一定要把握"地道""原汁原味"的原则。

2. 在营销方式上要灵活多样，不拘一格

以往餐饮营销一直把"打折"作为主要手段。其实，仔细了解顾客在节日消费的心理就会发现，折扣不是客人最大的心理需求。因此，打折不应成为节日营销的手段。当然，对于节日来店就餐的客人适当地推出一些优惠措施还是有必要的。比如发放"优惠券"，

赠送菜品酒水、鲜花、书籍、特色菜点（比如，很多酒店在节前制作一些有特色的年货，像面食、年糕、水饺等）或是一些有中国特色的纪念品。这些手段既可以降低成本，又可以提升餐厅的文化品位。对于那些住店的外国客人来说，更是珍贵的礼品，即使一般客人，也不会弃之不用。此外，有些餐厅还别出心裁，推出了"预定厨师服务"，由餐厅厨师高手上门制作年夜饭。所以，对于经常实施打折营销的餐厅来说，不妨换个思路，以差异化策略来制定有针对性的营销方案。

3．注重服务细节，突出人性化服务

在节日消费的目标顾客中，很多是家庭成员，有老有小，他们对于餐饮菜点的要求非常高，对于服务的要求也很独特。因此，在营销策划中，服务应作为重要的菜点构成来设计，包括服务程序、操作技能、细节要求等都应区别于一般就餐客人。针对老人、孩子、情侣等特殊客源的菜点也应有特色。这些工作在营销活动推出之前要有一个良好的安排，特别是服务人员的培训更应提早开始。由于节假日期间员工人数本来就不够，再加上少许临时打工的服务人员，这些都给管理带来了一定难度。所以，提高在岗人员的工作责任心、提高服务技能、增强服务意识就成为服务培训的主要内容。当然，餐厅方面应做好对这部分员工的后勤保障工作，保证员工能以一个良好的心态工作在节日餐饮服务的岗位上。

4．建立突发事件应对系统

由于节日期间客源构成比较复杂，客人正处于休假期间，心理比较放松，又赶上逢年过节，喝酒是少不了的，这样一来，突发事件就会不可避免地出现。在营销规划里，这方面的应对措施必须提早制定。对于不同规模的餐厅，这种应对机制应是长期存在并发挥作用的。

5．进行客户跟踪，培养长期客源

节日营销的目的一是在短期内提升经济效益，二要以这次营销活动为契机，开发潜在客户，培育长期客源市场，带动今后的销售工作，这是餐厅更为重要的营销计划。节日销售过后，餐厅要有组织地进行回访，与客人不断沟通，了解就餐经历，掌握就餐过程，进一步加深客户对餐厅的印象，提升餐厅的品牌形象。通过对客人用餐满意度的分析，总结营销活动实施效果，为今后的营销工作提供经验。

6．根据客源市场构成不同，进行菜点整合，推出符合市场需求的菜点组合

餐饮营销，归根结底是销售菜品、酒水、服务以及无形的品牌与文化。节假日期间，无论是高级餐厅，还是路边小餐馆，社会化的大众消费都将成为主流，家庭用餐、亲朋好友聚会是这一阶段的主要客源构成。那么，餐厅菜点就应以满足这类客人的需求为主，菜品方面要求口味清淡，老少皆宜，菜量偏多，价格适中，并适时地推出各档次宴会用餐，此间穿插特色菜、招牌菜、新派菜等，使消费者能全面地了解餐厅的厨师水平，促进餐厅形象品牌的树立和推广。这是节日营销的主要目的，也是众多餐饮活动中的主题项目。

课后习题

一、名词解释

1. 营销
2. 缓慢撇脂策略
3. 合理价位
4. 成本导向定价法
5. 综合效益型
6. 借用主题法

二、填空题

1. _____又称寿命周期，是指厨房菜点从投放市场到退出市场的全过程，包括投入期、成长期、成熟期和衰退期四个不同阶段。

2. 影响顾客购买的营销因素是指对消费者消费行为产生影响的_____。

3. 在菜点的投入期，一般可以由_____、_____、_____、_____四个基本要素组合成各种不同的市场营销策略。

4. 数字心理市场营销定价策略是针对消费者的不同消费心理，制定相应的产品价格以满足不同类型消费者的需求的_____。

5. _____是企业根据市场竞争状况确定商品价格的一种定价方法。

6. _____是指酒店以传播社会文化和社会理念为手段，以提升酒店形象为目的而展开的营销活动类型。

7. _____是餐饮管理者在对本地区各餐厅进行美食调查以后，在制订全年计划之前所做的竞争性预测和定向性资料的搜寻、分析的过程。

8. _____，归根结底是销售菜品、酒水、服务以及无形的品牌与文化。

三、选择题

1. 公共关系营销的形式不包括（　　　）。

　A. 演讲　　　　　　　　　　B. 研讨会

　C. 年度报告会　　　　　　　D. 广告

2. 不属于成熟期市场营销策略的是（　　　）。

　A. 市场调整策略　　　　　　B. 菜点调整策略

　C. 市场营销组合调整策略　　D. 集中策略

3. 菜点价格不宜变化太频繁，更不能随意调价，每次调价幅度最好不超过（　　　）。

　A. 10%　　　　B. 15%　　　　C. 20%　　　D. 25%

4. 餐饮企业常常采用（　　　）的方式，改变消费者对菜点的看法，劝说消费者购买餐饮菜点，同时形成消费者对该菜点的偏爱。

　A. 个性服务　　B. 优质服务　　C. 低价营销　　D. 说服

5. 节假日的营销目的包含（　　　）三个类别。

    A．直接获利型　　B．提升形象型　　C．综合效益型　　D．公益活动

四、判断题

1. 节假日营销主题是营销活动的核心与灵魂，主题选择的好坏对营销活动的成败没有直接影响。（　　　）

2. 营销已经成为企业的生命线，但营销人员并未成为市场最紧缺的人才。（　　　）

3. 广告是唤起消费者需要和消费者信息收集的重要途径，对顾客做出消费决策很难有影响。（　　　）

4. 菜点的定价是营销基本环节。（　　　）

5. 菜点的定价要能反映菜点的价值，还应反映供需关系。（　　　）

6. 广告创意是指通过独特的技术手法或巧妙的广告创作脚本，突出体现菜点特性和品牌内涵，并以此促进菜点销售。（　　　）

7. 年度美食节计划是根据未来餐饮消费趋势和市场竞争状况，以时间序列为主要线索，统筹安排在未来一年饭店拟组织、开展的各项美食节营销活动。（　　　）

8. 开展节假日营销活动时，可先确定自己的原有目标市场，再以此为基础寻找节假日面对对象与酒店原有目标市场的契合区，此契合区就成为节假日目标市场。（　　　）

五、简答题

1. 简述消费者购买厨房菜点行为分析的内容。

2. 简述影响顾客购买的营销因素。

3. 简述厨房菜点定价的三条原则。

4. 简述厨房菜点广告六大作用。

5. 简述餐饮广告策划程序。

模块七
现代厨房菜点创新管理

学习目标

知识目标：

▶ 1. 了解现代厨房菜点创新的四个必然。
2. 了解菜点创新的七点要求。
3. 熟悉菜点创新的四大原则。
4. 熟悉菜点创新的三个环节。
5. 掌握创新菜点质量管理方法。

能力目标：

▶ 1. 能根据菜点创新常用方法进行菜点创新。
2. 能在菜点销售过程中对创新菜点质量进行有效管理。

美国著名管理学家彼得·德鲁克（Peter F.Drucker）说过，"在变革时代，经营的秘诀就是没有创新就意味着死亡！"顾客对品尝新品菜肴的追求是永无止境的。只有不断创新，餐饮产品才会有吸引力，餐饮企业才会有生命力。一个企业只有不断地开发符合企业文化或富有特色的新产品，才能满足企业经营与可持续发展的需要，才能使企业在激烈的市场竞争中立于不败之地。

单元一　菜点创新基础知识

我们经常看到有些餐厅生意非常火爆，有人会问："这家店为什么这么火？"答案几乎都是"他们的菜好吃"。可见，菜品的好坏是一个餐厅兴旺与否的核心指标。什么样的菜是好菜呢？答案就很多了。能形成共识的一般是：口味好，有新意，质量有保障。那么要做好菜点创新工作，首先应熟悉菜点创新的相关基础知识。

一、菜点创新的四个必然

驱动新菜品开发的动力是多方面的。消费者往往偏好于选择新的菜品，广大的烹饪工作者也常常在自己专业技能的基础上不时地开发新的品种以适应消费者，餐饮企业也会从经营的角度为了赢得更多消费者的光顾而做出种种努力。

1. 新技术的发展必然推动新菜点的出现

科学技术和食品工业的迅猛发展促使许多新原料和新技术不断涌现，并加快了菜品更新换代的速度。随着中外交流的日益频繁，国外许多食品原料被源源不断地引进到我国，如越南圆茄（见图7–1）、皇帝蟹（见图7–2）、鳕鱼等进口食材，丰富了我国的餐饮市场。科技的进步使多功能设备、自动化设备得以开发和改进，这有利于企业淘汰旧有的、顾客不感兴趣的菜品，生产新颖、健康的菜品。企业只有不断运用新的原材料、新的设备改造原有菜品、开发新菜品，才不至于被顾客遗忘而被挤出市场。

图 7–1　越南圆茄　　　　　　　　　　　图 7–2　皇帝蟹

2. 消费需求的变化必然需要创新菜点与之适应

随着生产的发展和人们生活水平的提高，消费需求也发生了很大的变化，健康、美味、方便、快捷的菜品越来越受到消费者的欢迎。厨房菜品无专利保护，易于被竞争对手模仿，由此造成菜品生命周期越来越短。在此环境下，如果烹调师不积极开发新的菜品，没有适销对路的菜品推向市场，餐厅将会逐渐被竞争对手取代直至被淘汰出局。另外，随着社会的发展和改革，顾客对于饭店菜品的要求也将产生相应的变化，菜品若不能推陈出新满足或适应这种动态的变化，势必也将被顾客所抛弃，从而退出市场竞争的行列。

3. 市场竞争的加剧使新菜品开发成为必然

随着餐饮对市场依赖程度的不断加深，传统的菜品生产模式不足以应付市场竞争的局面。为了取得竞争优势或至少保持在竞争中不被淘汰，越来越多的烹调师将新菜品开发作为一项极为重要的战略问题来考虑。对于餐饮企业来说，只有不断创新，定期推出新菜点，增强企业的活力，才可能提高企业在市场上的信誉、知名度和地位，并促进新菜品的市场销售。

4. 菜点的生命周期缩短必然需要不断开发新菜点

在高速发展的现代社会，消费结构的变化加快，消费选择更加多样化，菜点的生命周期也日益缩短。同时，当自己的菜品获得成功后，竞争对手也可以迅速模仿，从而明显缩短新菜品的生命周期。这一方面给企业带来了威胁，企业不得不淘汰难以适应消费者需求的老产品，另一方面也给企业提供了开发新菜品以适应市场变化的机会。企业如果能不断开发新菜品，就可以在原有菜品退出市场舞台时，利用新菜品占领市场，使企业在任何时候都有不同的菜品处于生命周期的各个阶段，从而保证企业盈利的稳定增长。

二、菜点创新的七点要求

1. 符合绿色餐饮的要求

首先，传统中餐使用的原料，有一些属于国家保护野生动、植物，应给予保护和拒绝使用，以不购、不烹、不售为原则，从而得到广大消费者的认可和达到绿色餐饮的要求。其次，在菜点创新时必须根据原料性状、营养价值、食疗功效等因素来合理开发新产品，并充分发挥原料的作用，做到物尽其用，即利用边角余料开发新产品，如芹菜叶可制作凉菜，淡水鱼的鳞片可制作鱼鳞冻（见图7-3），油菜茎去皮可制作鸡茸菜茎等，从而达到绿色餐饮的要求，即达到为顾客提供的产品与服务符合"既充分利用资源，又保护生态环境"的要求和有益于顾客身体健康的标准。

图7-3 鱼鳞冻

2. 符合平衡膳食的营养要求

创新菜点的营养搭配是现代餐饮的最高要求，也是中国菜走向世界的关键所在。因此，在创作新菜点时可以参考中国居民膳食宝塔（见图7-4），根据国民健康的饮食要求来设计菜点。在具体设计过程中，一要重视原料的合理搭配，即动植物原料合理搭配，使菜点符合平衡膳食的营养要求；二要选用科学、合理的烹调方法，保证设计菜点在加工过程中营养素少受损失；三要正确地掌握调味品的使用方法，避免因加热时间太长或调味方法不当而产生危害人体健康的有害成分，从根本上保证消费者的健康。只有把握好上述三方面的因素，才能使设计的菜点达到平衡膳食的营养要求和追求营养、健康的餐饮要求。

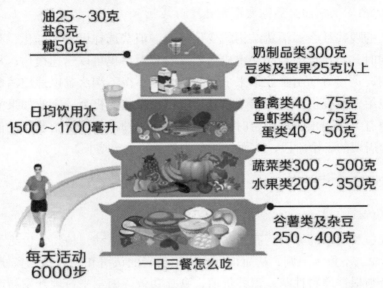

图 7-4　中国居民膳食宝塔（2016）

3．符合经济实惠的大众化要求

菜点创新不能只局限于形态优美、色泽鲜艳、精美绝伦的宴会菜点或高档菜点，还要立足于经济实惠的大众化菜点，如家常菜、乡土菜、农家菜等，利用大众化菜点的价格、地方风味和适应面广的优势，吸引广大消费者，满足不同层次的需求。例如，杭州餐饮自 1998 年在上海一炮打响后，继续向北京、南京、苏州、无锡、常熟、深圳、南昌和香港等地发展，得到了当地消费者的认可，赢得社会的美誉。其主要原因是杭州餐饮大众化的定位、家常化的风格、合理的价格和舒适的就餐环境，不断地吸引着不同消费阶层，如新杭州名菜中的椒盐乳鸽、竹叶仔排、稻草鸭（见图 7-5）、砂锅鱼头王、开洋冻豆腐、笋干老鸭煲和钱江肉丝等菜品，均属于经济实惠的大众化菜点，深受全国各地广大消费者的欢迎。

4．符合制作简捷、上菜快速的要求

创新菜应立足于制作简捷、滋味鲜美、小巧雅致、地方特色浓郁、大众化原料为主的设计思路。同时，餐饮企业为了满足不同层次、不同需求的消费，还要安排一部分事先可以预制的菜点，以保证在最短的时间内满足消费者的需求或保证满足现代消费者快节奏生活的特殊要求。例如，老鸭煲、笋干烧肉、金牌扣肉、稻草鸭、红汤肉骨香和笋干扣肉塔等菜点需要长时间制作，且时间越长滋味越鲜美，为了减轻厨房的压力并缩短顾客等待的时间，就必须对这些菜肴采用提前预制的方法来进行加工，确保能在最短的时间内为消费者提供菜品，满足消费者的需要。

图 7-5 稻草鸭

5. 符合消费者饮食爱好的要求和喜新厌旧的心理要求

菜点创新既要满足菜点属性的要求，又要满足消费者饮食爱好的要求，更要满足消费者喜新厌旧的心理要求。首先，考虑到消费者的习惯、爱好和季节性变化等因素，设计出符合当地消费者所喜爱的菜点，如四川地区的梅菜系列菜点（梅菜蒸排骨、咸烧白、梅菜烧鱼等）和广西地区的酿类系列菜点（瓜花酿、苦瓜酿、青椒酿、蒜苗酿等）。当然，在设计这些菜点时要突出创新性，给消费者耳目一新的感觉，从而吸引广大消费者。其次，随着人民生活水平的提高，消费者对菜点的要求也越来越高，传统菜点已不能满足广大消费者的需要。为了迎合消费者喜新厌旧的心理需求，就需要不断引进新原料、新工艺和新口味，并通过创新求异达到新、奇、特的效果，如花卉菜点、茶叶菜点、桑拿菜点和火焰菜点（见图 7-6）等。

图 7-6 火焰鸡（火焰菜点）

6. 符合消费者消费能力的要求

以往设计菜点往往会忽视菜点的销售价格，忽视消费者的经济能力。正因如此，历届烹饪大赛获奖的菜点很多，但在社会上流行的并不多或被广大消费者真正接受的不多，因为这些菜点通常制作工艺过于复杂或原料珍贵，无法成为日常经营的菜点。更为重要的是这些菜点普遍售价过高，广大消费者承受不起这样的价格。因此，在菜点设计时必须重视消费者的消费能力，充分利用原料的主、辅、调之间价格的合理搭配和营养科学组合来降低菜点成本，使创新菜的价格更能接近消费者的需求或使销售价格控制在最低限度。菜点创新如果忽视了消费者的消费能力，再好的创新菜点也只是一种宣传、一种摆设。

7. 符合文明、卫生、健康的要求

各吃菜点是分餐制最好的菜点形式，虽然在某些方面缺少传统菜点整体美的效果，但是只要观念改变、研究方法对路，设计的菜点完全可能达到传统菜点色、香、味、形、质、器、意高度统一的要求。所以，菜点创新的设计思路必须跟上时代的步伐或潮流的发展趋势，营造一种文明、健康的就餐方式，即各吃菜点的就餐方式，并通过各吃菜点的创新、开发来促进这种就餐方式。为此，首先要运用原材料的自然色泽和形状来设计各吃菜点的形象（见图7-7）。其次，还要考虑到各吃菜点的营养搭配，保持营养平衡和食疗功效，尽可能选用多样原料。再次，运用器皿的形状和加工手段来达到各吃菜点的属性要求，如炖鲜（鱼翅、辽参、鲍鱼、鱼唇、甲鱼裙边、竹荪、鹿筋等），利用炖盅形状制作菜点，使其符合现代餐饮文明、卫生、健康的要求。

图 7-7　葱烧海参（各吃菜点）

菜点创新是餐饮企业经营策略中的一个重要内容，也是餐饮企业竞争的热点，更是餐饮企业可持续发展的动力。菜点只有在继承中创新，在创新中提高，才能跟上时代的步伐，才能更好地为餐饮企业服务和为广大消费者服务。

三、菜点创新的四大原则

有些烹饪基本原则，是厨师应该理解和遵守的，否则创新将会走入误区。只有了解以下创新原则，才能让创新变得更轻松、更容易成功。

1. 继承传统与改良相结合

传统菜是我国烹饪文化的瑰宝，凝聚着历代厨师的智慧和创造力，是一个地方经济、物产、喜好的综合积淀。充分把握传统菜的"讲究"，创新菜也会有"神韵"；同样，厨师有了传统菜的功底，创新也会更扎实、有把握。

2. 循序渐进与苦练基本功相结合

创新就是在传统基础上的发展、改革，如果对传统菜制作方法和原理都没有掌握，就很难在技术上有所突破，更谈不上创新。只有在工作中不断学习，做到多想、多看、多练、多问，反复实验，不断总结，苦练基本功，才能达到"从心所欲不逾矩"的水准。

3．必须以市场需求为目标

创新是为了满足消费者的需求，菜品要随着市场潮流而变动。创新不能故弄玄虚，而必须从市场需求出发，研究消费者的价值取向、消费观念的变化趋势，可以适当地设计、引导消费，但总体应朝着消费者感兴趣的方向走。但需注意的是，这种创新不是每时每刻都在变化，快节奏、高频率地推出新菜品，大面积地调整菜单反而让顾客无所适从。

4．科学地运用中外先进制作技艺

随着改革开放的深入，国际交往的频繁，世界仿佛正在缩小，人们走进了"地球村"。物资的大交流、信息的大交换、思想的大碰撞，带来了观念的大转变、眼界的大开阔。未来"混血菜"的发展趋势必然是继续走"合资"道路，本地口味依然"控股"，依然是消费的主流。

四、菜点创新的三个环节

1．收集创意

菜点创新品种的开发要从寻求、收集创意开始。创意是传统的叛逆，是打破常规的哲学，是破旧立新的创造与毁灭的循环，是思维碰撞、智慧对接。简而言之，创意就是具有新颖性和创造性的想法。

2．遴选创意

遴选创意就是对第一阶段收集的思路与设想进行筛选，首先应考虑的是生产价值，即该创意菜品有无生产制作的必要。但要注意不能违规选用国家禁止捕杀、加工、销售的保护动物作为原料，如梅花鹿、鳄鱼、果子狸、娃娃鱼等。

3．孵化创意

通过筛选，确定选用某一种新菜肴的创意后，接下来的一项工作就是要将创意变成产品，这就需要一步一步地试制、修改、完善。

（1）确定菜肴名称。创新菜肴命名的总体要求是名实相符、便于记忆、启发联想、促进传播。菜肴名称通常由大量的表意词汇组成，大部分词汇表达的意思是人们熟知的，也有仅为专业厨师能理解的专业术语，还有各地方言的差异。

（2）强化营养卫生。吃得"安全""健康"是每个消费者的希望，也是餐饮企业菜肴创新不可忽视的环节。

（3）尽显外观色泽。外观色泽是指为人们肉眼能观察到的颜色和光泽。菜肴色泽是否悦目、搭配和谐，是创新菜品能否成功的一项重要因素。

（4）注重香气。香气是指令人感到愉快舒适的气息的总称，它是通过人们的嗅觉器官感觉到的，是不可忽视的一个因素。好的香气可对消费者产生巨大的诱惑力。

（5）提升味感。味感是指食物在人的口腔内刺激味觉器官而产生的一种感觉。味道的好坏是人们评价创新菜肴的最重要的标准，创新菜品应滋味纯正、无不良呈味物质等。

（6）刀工精湛。刀工处理成型（如原料大小、厚薄、长短、粗细等）是菜肴装盘造型必不可少的一个环节。现代菜肴的造型要求形象简洁、自然；选料讲究，主辅料搭配合理；刀工细腻，刀面光洁，规格整齐；盛器得体，装盘美观、协调。

（7）火候恰当。火候是指菜肴烹调过程中所用的火力大小和时间长短。火候控制好了才能使菜肴显示一定的质地，如成熟度、爽滑度、脆嫩度、酥软度等。

（8）关注试销。试销即将新菜品推向市场，直接与消费者见面，以观察菜肴的市场反应，供制作者参考、分析，以便完善，并根据完善情况及市场反应情况决定是保留还是放弃。

单元二　菜点创新常用方法

烹饪原料、工艺流程、烹制技法以及菜点的色、香、味、型等感官性状，是烹饪的基本要素。在创新实践过程中，只在某一方面进行创新自然可以，但若能将几个方面结合进行创新，创新菜点的新意会更加明显、突出。就烹饪基本要素的具体应用程度而言，菜点创新的常用方法可以分为原料采集拓展创新、调味技艺组合创新、菜点交融结合创新、中西合璧交融创新、土菜引进提炼创新、造型工艺变化创新、器皿搭配变革创新七个方面。

一、原料采集拓展创新

在烹饪实践中，原料是一切烹饪活动的基础。菜品的质量问题，有很大一部分是由于原材料的问题。而菜点的创新，更是不可忽视原料的变化、加工及新原料的利用，它是菜点物质条件变化出新的基础。

1. 综合利用

一种植物性原料可以制成多种多样的菜品。同一种动物性原料可以根据不同的部位制成各种不同的菜品。例如，南京人喜欢吃鸭，其鸭菜驰名国内外。除正常使用鸭肉外，当地厨师充分利用鸭子的每一个部位，精心加工，烹制了许多脍炙人口的美味佳肴。

2. 特料抢眼

利用原料的特色创制菜肴，需要不断地借鉴各地的特色原料，使其为己所用。许多原料在当地看来是比较普遍的，但一到外地，其身价就会大大地提高。例如，紫番薯、紫土豆、紫山药（见图 7-8），食客们第一次看到这般新奇的原料，往往会点上一份品尝，这就是新型原材料给人的诱惑。随着科技水平和养殖技术的不断提高，很多新型原料不断出现在食客面前，如黑花生、花椒苗、荞麦芽、花生芽、芹芽、橡子冻等，都成为厨师创新菜肴最好的"朋友"。

图 7-8　紫山药

3．变废为宝

巧用下脚料烹制菜肴，构思新颖、巧妙，可起到神奇之效。其关键是要"巧"，巧可以出神入化，化平庸为神奇。下脚料制菜，可精、可粗，只要合理烹调，都可成肴。只要我们肯开动脑筋，改变视角，即使在最不起眼的原料上或认为"不可能利用"的地方，也能实现化腐朽为珍物的创造。例如，将鱼内脏进行处理，辅以鸡蛋、香葱等，制成鱼肠煎蛋（见图7-9），受到了消费者的喜爱。对于广大厨师来说，应当更新观念，突破常规，争取在人们所称的"下脚料"中发现创新的契机。

图 7-9　鱼肠煎蛋

4．土料挖掘

如今，原生态土料深受城市白领人士的喜爱，成为时尚餐饮的代表。原本产在大山里的各种土菜、山货，以及农家自制的熏腊制品，如腊肉、风鸡、熏鸭、腌肉、泡菜，还有树花、核桃花等山野菜，正风风火火地占领城市餐饮市场。土菜，原料土造型不土，味道土色彩不土，工艺土文化氛围不土。为什么土料菜肴会流行？原因很简单，没吃过的土料，没见过的土做法，就是新鲜事物。求新就是菜肴创新的一种重要形式。

5．粗料精烹

创新，首先要熟知原料的特性，一些普通的原料，一旦把那些原来不被了解的地方挖掘出来，也会让人大感意外，这样的创新更扎实、更实用。比如有一道菜叫"金丝虾球"（见图7-10），是将土豆洗净后改刀成细丝，放入油中浸炸成金黄色，用来包裹处理好的虾球，上桌时配上酱料食用。这道菜虽然用料和制作方法都很简单，但浸炸后的土豆丝色泽金黄，酥脆爽口，显得特别高档。

图 7-10　金丝虾球

6. 以假乱真

菜点制作中运用以假乱真之法创制新品亦十分常见。例如我国古代菜肴制作中出现的"以素托荤"之法，正是最好的体现。在宋代我国烹饪就已用"假"料烹制菜肴，如"假蛤蜊""假河豚"等，多达数十种。这些菜肴利用植物性原料烹制出像荤菜一样的菜肴，其构思精巧，选料独特，常给人以耳目一新之感。翻开中国饮食谱，我国寺院菜与民间素菜中仿制荤菜的素肴亦十分普遍，这些利用豆制品、面筋、香菇、时令蔬菜等干鲜品为原料，以植物油烹制而成的菜肴，以假乱真，风格别具。

二、调味技艺组合创新

时代的发展需要新味，俗话说，再好的菜，吃多了也会腻。广大顾客都时不时地要求烹调师们拿出新招，调出新的口味。将菜品从色、香、味、形等方面化整为零后细致分析，可以起到很好的效果。如在原有菜点中就口味的味型和调味品的变化方面深入思考，更换个别味料，或者变换味型，就会产生一种与众不同的风格。

1. 料变味不变法

厨师掌握某一味型后，便可烹制同一味型的不同菜肴。但需注意一点，一定要按照每种味型的风味特点去调制，不要更换得面目全非，除非是创制一种新味型。例如掌握了"鱼香味型"，用什么料就可以制作什么菜，如鱼香茄子煲、鱼香牛肉丝、鱼香虾球（见图7-11）、鱼香瓦块鱼、鱼香兔丁等，都是可以制成的，酸汤、糖醋、烧汁等味型也可以照此创作新菜。

图 7-11 鱼香虾球

2. 味变料不变法

固定某一种原料，而去变换使用不同的调味品，也可创造出一系列新菜品。如以"鸭肉"为主料变换调料来开发菜品，可以产生如咖喱鸭胸、酸辣鸭腿、麻辣鸭脖、芥末鸭舌、葱油鸭胗等。菜品的翻新从品味入手，能产生特殊的效果。例如从"油爆虾"到"椒盐虾"再到"XO酱焗大虾"（见图7-12），都是由改变口味创制的。

图 7-12　XO 酱焗大虾

3．众味结合创新

千百年来，厨师在继承传统的调味方法时，也不时地调制些新的味型，使得调味味型不断得到丰富。厨师们应当打破地域限制，人用我用，善于调制美味，创造调味技艺的新风格。烹调技艺上的互相汇串和菜肴风味上的相互渗透，使粤、川、京、苏、闽、鲁、浙等诸种风味流派兼容并蓄，这种风味，正是众艺结合创新的产物。

4．复制新味创新

菜点的滋味一般都不是由一种调味品赋予的，而是通过多种工序、多种味料、多种调味方法制作而成的。调味方法的灵活变化，使得菜点在被品尝时能够产生"味中有味"、越嚼越有味的效果。中餐之所以美味可口，关键是巧妙运用各种调味品，通过精心而合理的配味、组味而成。

如今，国内食品厂家结合国人饮食特点陆续研制、生产了许多复合调味品，这为调味的组合、变化、创新提供了很好的条件。如近年来出现的"复合奇妙酱""椒梅酱""辣甜豆豉酱"等，为菜点创新开拓了广阔的道路。

三、菜点交融结合创新

菜肴烹调与面点制作是中国餐饮行业的两大主要部分。长期以来，由于这两者的差异，其生产经营方面分得比较明显，烹调师和面点师之间缺少交流，面点与菜肴两者之间互不相干，形成了各自相对封闭的生产模式，在技术上各行其艺。随着社会进步、技术交流，原有的菜点封闭模式逐渐被打破，菜肴烹调与面点制作之间出现彼此借鉴、相互融合的趋势，这种趋势不仅大大丰富了中式菜点的内容，而且给菜点制作开辟了一条宽广的创新之路。

1．借鉴面点型

借鉴面点型是指借鉴面点变化多样的制作手法，并使菜肴的外形具有面点的特征，即"菜肴面点化""看似面点吃是菜"。人们在制作菜肴时，有意借鉴面点的外形特征，将其制成烧卖、饼子、面条的形状，以假乱真，以菜充点，这不能不说是一种创意。例如"鱼茸烧卖"（见图 7-13）是将纯鱼肉（每块 20 克左右）放在撒有淀粉的案板上，用面杖捶打成圆形面片，用盐腌渍，逐一包上馅料制成"烧卖"状，然后放置盘中入笼蒸熟，起锅勾薄芡，在"烧卖"上撒上火腿末点缀。

图 7-13 鱼茸烧卖

2．菜点组合式

菜点组合式是指在加工过程中，将"菜""点"有机地组合在一起成为一盘合二为一的菜肴。这种菜肴是菜点合一极有代表性的品种，而且构思独特，制作巧妙，成菜时菜点交融，食用时一举两得：既尝到了菜，又吃到了点心；既有菜之味，又有点之香。代表品种有馄饨鸭、酥皮海鲜、鲜虾酥卷、酥盒虾仁等。

3．菜点跟带式

跟带式是指菜品上桌时随菜带上一份配套的面食，由面食搭配着菜肴食用。例如"北京烤鸭"带薄饼上桌（见图 7-14），"鲤鱼焙面"是"糖醋黄河鲤鱼"带焙面上桌，"酱炒里脊丝"带荷叶夹上桌等。厨师们利用跟带式制作的"蚝香鸽松"，即是取烤鸭的吃法，将乳鸽脯肉切成鸽米，上浆拌匀后，与蚝油等调味料一起爆香，上桌时，亦跟荷叶薄饼和生菜，供客人一起包而食之，香、嫩、脆、滑、韧等多种口感荟萃，确有一种特殊风味。

图 7-14 北京烤鸭

4．菜点混融式

混融式是指将菜、点两者的原料或半成品在加工制作中合为一个整体，如紫菜鸡卷、珍珠丸子（见图 7-15）、砂锅面条、荷叶饭等。例如，"紫菜果味鸡卷"是将鸡脯肉片成大薄片，用调料码味，紫糯米饭加柠檬汁、菠萝粒、白糖、猪油拌匀做馅心，将干净纱布粘湿，鸡脯片摊在纱布上，放上紫米馅心，卷成直径2.5厘米的卷，拍上干淀粉，粘鸡蛋液，裹上面包屑，入油锅中炸至金黄色改刀而成。

图7-15　珍珠丸子

四、中西合璧交融创新

中西烹饪结合的意义是很广的，目前流行于全国各大饭店的自助餐式，即从西方引进而来；所谓的"中餐西吃"，也是受西方饮食的影响；"西餐中用""西菜中制"等烹饪方法，也已在全国各大城市得到普遍应用和效仿。综观各地的菜肴制作，中西合璧的创新法主要有以下几种。

1. 西料中用创新

把西餐原料运用到中餐菜肴制作中来，对增加花式品种，适应市场需求，是一条不可舍去的途径。例如法国蜗牛、澳洲龙虾（见图7-16）、象拔蚌、鸵鸟肉、微型西红柿等。

图7-16　澳洲龙虾

2．西味中烹创新

将西餐烹饪的调味料、调味汁或调味方法用于中餐，这种中西合璧菜是当今菜肴创新的一个流行思路。例如沙拉鱼卷、黑椒牛柳（见图7-17）、茄汁明虾、咖喱牛肉等。

图 7-17　黑椒牛柳

3．西烹中借创新

在中餐菜肴开发时，借鉴西餐菜肴制作的烹调技法，使中式原料与中西烹调技法有机结合，在创作中增加新品。如运用"酥皮焗制"之法，可以开发酥皮海鲜汤（见图7-18）、酥皮焗什锦、酥皮焗鲍脯等；运用"扒法"可以制作铁扒鸡、铁扒牛柳、铁扒大虾等。

图 7-18　酥皮海鲜汤

4．西法中效创新

吸收西餐菜肴中的基本加工、制作方法，应用于菜肴制作中，使其显示中西结合的风格特色。例如"贵盏鸽脯"，即是用西点酥皮制成盒烤制后，盛装炒熟的鸽脯等菜料；"千岛石榴虾"，是先用千岛汁拌虾仁沙拉，然后用威化纸包裹后成石榴形，下入油锅炸制成熟；"沙拉海鲜卷"（见图7-19），是用威化纸包虾仁沙拉，挂糊拍面包粉炸至金黄色而成。

图 7-19　沙拉海鲜卷

五、土菜引进提炼创新

随着食品工业的发展，人们更追求健康食品，所以饮食又开始大唱"返璞、回归、自然"的口号，而开发乡土菜正是在这股饮食潮流下受到了各地宾客的欢迎和赞赏。

1. 广泛取材，体现风格

吸收民间乡土菜点的营养已经是菜点创新不可缺少的一种方法，它可以打开菜点制作新的突破口，创造出新的菜点风格。时下许多上档次的餐厅都一改过去一味"贵族化"的倾向，迅速走上了"雅俗共赏"的路子。为满足客人的要求，各家餐厅都特别注重推出乡土菜品，实实在在地靠近消费者。

乡土菜朴实、美味，也顺应了人们对饮食返璞归真的追求。在我们的烹调实践中，广大烹调师们应打开思路，放宽眼界，到民间去吸收、引进和移植，为己所用，只要去做一个有心人，善于学习、移植和改良，定会开发出新颖别致的菜品来。

2. 挖掘素材，提炼升华

乡土菜的开发首先应到民间去采集、挖掘那些用之不竭的创新素材来创作出新颖别致的作品。各地的乡土民间有许多耐人寻味的好素材，像"麻婆豆腐""西湖醋鱼""东坡肉""夫妻肺片"等名菜，无一不是源于民间，经过历代厨师的不断改进、提高，才登上大雅之堂。

到各地去采掘新鲜素材，从民间千千万万个家庭炉灶中掘取灵感，是一个菜点创新的好方法。民间风味的采掘不是"依样画葫芦"的照搬，而是通过挖掘、采集后使其提炼、升华。但是，这种提炼、升华是万变不离其"宗"，基本风格、口味是绝对不能乱编的。据调查了解，许多餐厅生意兴隆的秘诀是将乡土民间菜做细、做精。

民间是一个无穷的宝藏，山区、田间、乡野、市井，不妨去走一走，尝一尝，采掘些适合烹饪的素材。只要努力吸取，敢于利用，进行适当的提炼升华，创新菜就会应运而生。

六、造型工艺变化创新

中国烹饪经过历代厨师的苦心钻研，新的工艺方法不断增多，新的菜肴品种不断涌现。许多烹调师在菜品制作与创新中，都善于从工艺变化的角度寻找菜肴创新的突破口。通过这条道路向前探索，他们摸索出了许多规律，创造出许多制作菜点的新风格。

1. 包制工艺出新

包式菜肴，一般是指采用无毒纸类（见图7-20）、皮张类、叶菜类和泥茸类等作包裹材料，将加工成块、片、条、丝、丁、粒、茸、泥的原料腌制入味后，包成长方形、方形、圆形、半圆形、条形或包捏成各种花色形状的一种造型技法。包的形状大小可按品种或宴会的需要而定，但无论包什么形状，包什么馅料，都是以包整齐、不漏汁、不漏馅为好。

图 7-20　纸包鸡（无毒纸类）

2. 菜卷工艺出新

卷制菜肴是热菜造型工艺中特色鲜明、颇具匠心的一种加工制作方法，它是指将经过调味的丝、末、茸等细小原料，用植物性或动物性原料加工成的各类薄片或整片包成各种形状，再进行烹调的工艺手法。

卷式菜肴的类型一般有三类：①卷制的皮料不完全卷包馅料，将1/3馅料显现在外，通过成熟使其张开，增加菜肴的美感，如兰花鱼卷等；②卷制的皮料完全将馅料包卷其内，外表呈现卷筒形状，如紫菜卷、苏梅肉卷等；③将馅料放在皮料的两边，由外向内卷，呈双圆筒状，如：如意蛋卷（见图7-21）、双色双味菜卷等。

图 7-21　如意蛋卷

3. 夹、酿、沾工艺创新

夹、酿、沾三种工艺技法，都是采用两类原料，一类是主料，另一类是填补料或补充料，经过人们的巧妙构想，将两类原料合理结合，开拓出菜肴变化式样的新天地。夹、酿、沾三法既是相互联系又是相对独立的，它们是一大类型中的三种不同的工艺技法。个别菜肴采用三种工艺协同制作，就像一个交响曲中的三个乐章。如江苏菜中的"虾茸吐司夹"（见图7-22），以虾茸加熟肥膘粒与调料拌和成酿馅，面包切成夹子状块，将面包夹中酿入虾茸，沿边抹齐，在虾茸顶部依次点沾绿菜叶末、火腿末、黑芝麻，放入油锅炸至面包呈金黄色并起脆、虾茸色白时捞起、装盘。三法有机结合，使菜肴出神入化，口味鲜美、香脆。

图7-22　虾肉吐司夹

七、器皿搭配变革创新

在中国餐饮史上，美食、美器的合理匹配有着悠久的历史。自古以来，人们强调美食与美器的结合，主要因为两者是一个完整的统一体，美食离不开美器，美器又需要美食相伴。美食总是伴随社会的进步、烹饪技术的发展而不断丰富，美器则是伴随着美食的不断涌现、科学文化艺术的繁荣而日臻多姿多彩。

从文化、艺术和美学的角度考察，作为中国饮食文化重要内容的美食与美器的匹配，是有着一定的规律和特色的。

1. 器具的发展更新

随着人们饮食观念的变化，不仅对菜肴有更高的要求，同时对盛器的选用、造型，以及盛器与菜肴配合的整体效果也有更高的观赏要求。古人云："美食不如美器。"并不是说菜肴的色、香、味、形不重要，而是从另一个方面强调了盛器的突出意义。我国烹饪素来把菜肴的色、香、味、形、器这五大方面视为一个有机整体。未来的盛器将呈现更加多样化的特征。例如华贵的镀金、镀银餐具，特色大理石餐具，现代风格的不锈钢餐具，具有反射效果的镜面餐具，经过艺术处理的竹制、木制餐具（见图7-23）以及仿食料形象制作的象形盛器等。

图 7-23　木制餐具

2. 盛器的运用改良

从菜品盛器的变化中探讨创新菜的思路，打破传统的器、食配制方法，也是能够产生新品菜肴的。利用盛器创新菜品的思路与其他创制新菜点方法所不同的是，它能为开发系列菜点提供有效途径。例如：中国第一届全国烹饪名师技术表演鉴定会上，重庆代表队拿出一款变化器具的新作"鸳鸯火锅"（见图 7-24），创作者将清汤火锅和红汤火锅两种味道不同的火锅有机地组织起来。以前一直是单味火锅，这种创新的器具使传统的火锅一下子就有了新意。

图 7-24　鸳鸯火锅

3. 原壳装原味

原壳装原味菜品是指一些贝壳类和甲壳类的软体动物原料，经过特殊加工、烹制后，以其外壳作为造型盛器的整体一起上桌的肴馔，如鲍鱼、鲜贝、赤贝、海螺、螃蟹等带壳菜品。例如，"雪花蟹斗"（见图 7-25）是取大小适中的螃蟹，煮熟或蒸熟后，将拆取的蟹黄、蟹肉剁碎，再与剁碎的虾仁、熟肥膘肉加调料拌匀，分别酿入蟹斗中，上笼蒸熟后在上面缀上发蛋"雪花"，撒上火腿末上笼蒸约 2 分钟，最后再浇上鸡汤芡汁。

图 7-25　雪花蟹斗

4．配壳增风韵

配壳增风韵即是利用经过加工制成的特殊外壳盛装各色炒、烧、煎、炸、煮等烹制成的菜点。例如配型的橘子、橙子的外皮壳，苦瓜、黄瓜制的外壳，菠萝外壳，椰子壳，用春卷皮、油酥皮、土豆丝、面条制成的盅、巢以及南瓜、西瓜、冬瓜等制成的盅外壳等。用这些不同风格的外壳装配和美化菜点，可为一些普通的菜点增添新的风貌，达到出奇制胜的艺术效果，例如蟹酿橙（见图 7-26）。

图 7-26　蟹酿橙

单元三　创新菜点后续管理

创新菜点后续管理主要是指针对餐饮企业创新研制出来的菜点，采取切实有效的方法措施，以维持、巩固乃至提高新菜点的质量水平、经营效果和市场影响。新菜点面市后，随着时间的推移，总归要变成旧菜点，然而这个过程越快，对创制新菜点的企业越不利，因为新菜点领先、新颖的优势还没有最大限度地转换成企业效益，就已被市场淡忘。强化创新菜点的后续管理就是要延长新创菜点的生命周期，为企业创造更持久的效益。

一、创新菜点后续管理的作用

创新菜点的后续无论是在提升餐饮企业的经济效益方面，还是在塑造企业实力口碑方面；无论是对企业近期经营，还是长期经营，都具有十分重要的实际意义。

1. 保护创新人员的积极性

不管企业采取何种策略，也不论研发新菜的人员是企业技术骨干，还是普通员工，参与创新的人都希望自己的辛勤汗水不要白流，不要很快被遗忘。

2. 节约企业创新（投入）成本

餐饮企业研发、制作、推广新的菜点免不了要花费很多成本，增加人力、物力投入。新菜点的销售时间越长，销售的市场越广，为企业创造的价值就越多，企业获得的回报就越大，新菜所承担的开发费用比例就越小。

3. 赢得消费者认可，创造餐饮企业持续经济效益和良好口碑

只有当创新菜点获得消费者的认可，具有市场影响力以后，创新菜点才可能为餐饮企业创造好的经济和社会效益。倘若创新菜点还没有为一定量的消费者见识、鉴赏就走了样、变了味，不仅不利于新菜点的销售，而且餐饮企业今后再有类似的创新推广活动，同样会受到顾客的怀疑。

二、创新菜点质量管理

创新菜点由于本身具有的新意，往往在列入菜单或作为特选经营时，多有客人点用。然而，在新菜经营数日后，其口感、面貌常常出现变化，甚至让食用者备感上当，大失所望。创新菜点销量会因此急剧下滑，承受名誉和经营损失最大的是餐饮企业。

1. 创新菜点质量下降的原因

产生这种现象，往往是由于新菜点刚创制出来的时候，各方都很重视，工作中都给予支持，制作人态度认真，有条件、有耐心精雕细琢。而经过几天的经营，制作人员新鲜感减退，尤其进入常规生产销售之后，无力精心维护新品，致使其质量迅速下降。

2. 防止创新菜点质量下降的措施

针对上述原因，可以采取以下几种办法防止创新菜点质量下降：

（1）坚持开发新品以实用、适用、食用为主，力推适宜高效率制作的菜点。

（2）分析新菜点所用原料、生产工艺状况，适当调整工艺，创造方便生产持续经营的条件。

（3）将研制认定的新菜点纳入菜单，按厨房生产流程和正常工作岗位分工，使厨房员工按照标准完成菜点的生产，融入日常程序化运作。

三、创新菜点销售管理

创新菜点刚刚步入市场，销售旺盛或销售冷淡都不足以说明新菜品的成功与否，应加强跟踪管理。

1. 观察、统计新菜品销售状况，积累数据，掌握第一手资料

（1）统计新菜品销售状况，考察创新菜点的总体效果。

（2）汇总新菜点客人点食次数，统计不同菜点的受欢迎程度。

（3）观察消费者选择新菜点之后的食用情况，进行食用率统计，看客人对新菜点是否真正喜欢和接受。

（4）掌握消费者当中重复点某菜点的比率，进行点餐率统计，计算出客人对新菜点价格和价值（功用）的认知度。

2．统计销售态势，分析个中原因，以谋求扩大经营

新菜点销售形势看好，要冷静进行分析：是否菜名哗众取宠，客人因名点菜；是否服务员"强卖"，客人在强大攻势下就范；是否菜单内品种少，选择范围小，客人无奈点了新菜。

如果点食新菜点的消费者不多，销售形势不好，经营管理人员要做如下分析：

（1）是不是新菜点在菜单里不显眼，难以被消费者发觉。

（2）是不是餐厅服务人员没有主动向客人推介（服务员不熟悉新菜点的特点）。

（3）是不是新菜点售价太高或名称俗气，客人难以接受。

3．融入菜单分析，使新菜点进入正常生命周期

经过统计分析，如果新菜点确实受到大多数消费者的欢迎，创新是成功的，那么就应尽快对新菜点进行常规化生产运作管理，纳入菜单，与其他菜点一样参与销售分析。

课后习题

一、名词解释

1．创意

2．综合利用

3．变废为宝

4．借鉴面点型

5．菜点组合式

6．创新菜点后续管理

二、填空题

1．菜肴只有不断_____，餐饮产品才会有吸引力，餐饮企业才会有生命力。

2．_____和_____的迅猛发展促使许多新原料和新技术不断涌现，并加快了菜品更新换代的速度。

3．创新菜点的营养搭配是现代餐饮的_____要求，也是中国菜走向世界的关键所在。

4．充分把握传统菜的"_____"，创新菜也会有"_____"，同样，厨师有了传统菜的功底，创新也会更扎实、有把握。

5．吃得"_____""_____"是每个消费者的希望，也是餐饮企业菜肴创新不可忽视的环节。

6．吸收_____的营养已经是现代都市饭店不可缺少的一种方法，它可以打开菜肴制作新的突破口，创造出新的风格菜品。

三、选择题

1. 随着生产的发展和人们生活水平的提高，消费需求也发生了很大的变化，（　　　）的菜品越来越受到消费者的欢迎。

  A. 健康   B. 美味   C. 方便   D. 快捷

2. 菜点创新品种的开发首先是从（　　　）创意开始。

  A. 寻求、收集   B. 遴选

  C. 孵化   D. 筛选

3. 同一种动物性原料可以根据不同的部位制成各种不同的菜品，这属于菜肴创新中的（　　　）。

  A. 综合利用 B. 特料抢眼 C. 变废为宝 D. 土料挖掘

4. 据调查了解，许多饭店生意兴隆的秘诀是将（　　　）做细、做精。

  A. 寺院菜 B. 清真菜 C. 海鲜菜 D. 乡土民间菜

5. 创新菜点质量下降，销量也会急剧下滑，承受名誉和经营损失最大的是（　　　）。

  A. 消费者 B. 餐饮企业 C. 研发团队 D. 管理人员

四、判断题

1. 菜品的好坏是一个餐厅兴旺与否的核心指标。   （　　　）

2. 在现代高速发展的时期，消费结构的变化加快，消费选择更加多样化，菜点的生命周期将日益延长。   （　　　）

3. 菜点创新不能只局限于形态优美、色泽鲜艳、精美绝伦的宴会菜点或高档菜点，还要立足于经济实惠的大众化菜点，如家常菜、乡土菜、农家菜等。 （　　　）

4. 创新是为了满足消费者的需求，菜品要随着市场潮流而变动，需要每时每刻都在变化。   （　　　）

5. 火候控制好了才能使菜肴显示一定的质地，如成熟度、爽滑度、脆嫩度、酥软度等。   （　　　）

6. "西餐中用""西菜中制"之法，已被少数几个城市的餐饮企业应用和效仿。（　　　）

7. 新菜点面市后，随着时间的推移，总归要变成旧菜点，然而这个过程越快，对创制新菜点的企业越不利。   （　　　）

8. 餐饮企业研发、制作、推广新的菜肴、点心免不了要花费很多成本，增加人力、物力投入。   （　　　）

五、简答题

1. 为什么要进行菜点创新？

2. 菜点创新过程中需要掌握哪些要求？

3. 菜点创新需要经历哪三个环节？

4. 创新菜点后续管理有哪些作用？

5. 创新菜点销售管理包含哪些基本点？

模块八
现代厨房菜点生产成本管理

学习目标

知识目标：

▶
1. 了解厨房菜点成本构成的要素。

2. 了解厨房菜点成本的分类。

3. 了解厨房菜点成本核算的任务与要求。

4. 熟悉厨房菜点成本核算的步骤。

5. 掌握厨房菜点成本控制的措施。

能力目标：

▶
1. 能对厨房原料成本进行核算。

2. 能对厨房菜点整份成本进行核算。

3. 能对厨房菜点销售价格进行计算。

4. 能根据实际工作需要对厨房菜点进行成本控制。

　　厨房菜点成本控制是餐饮市场激烈竞争的客观要求。随着餐饮市场的高速发展，市场竞争日益激烈，餐饮企业要生存、求发展就必须有新意、降成本，提高经济效益，增强企业的竞争力。厨房菜点成本控制是厨房管理的重要组成部分，是提高竞争力的重要手段，是一门高超的管理艺术。

单元一　厨房菜点成本概述

一、厨房菜点成本管理

1．厨房菜点成本管理的概念

厨房菜点成本管理是指对厨房菜点的生产成本、质量、制作规范进行检查指导，保证生产出的菜点始终如一的质量标准和优良形象，达到核算好的成本要求；同时，对厨房生产菜点效率加强管理，以形成最佳的生产秩序和流程。

2．厨房菜点成本管理的目的

厨房菜点成本管理的目的是降低菜点成本，减少不必要的生产费用和经营费用开支，达到既能保证厨房菜点质量，又能完成厨房部门要完成的各项生产指标，还能控制厨房菜品成本，实现赢利的目的。

二、厨房菜点成本构成

1．原料成本

原料成本是厨房成本中最主要的部分，随销售量的变动而变动。原料成本包括主料、配料和调料三个部分。主料是厨房菜点中的主要材料，一般所占成本份额较大；配料是厨房菜点中的辅助材料，其成本份额相对较小，但在不同菜品中，配料种类各不相同，有的种类较少，有的种类可多达 10 种以上，使菜点成本构成变得比较复杂；调料也是厨房菜点中的辅助性材料，主要起色、香、味、形的调节作用。调料品较多，在菜点中每种调料的用量非常少，但它是烹制各种风味菜点不可或缺的一项成本。

2．经营成本

经营成本主要是指厨房水、电、煤气等能源消耗，设备的折旧、维修费，房屋租金以及各种杂费等。

3．人工成本

人工成本是指厨房的管理人员以及其他工作人员的工资报酬和福利支出等。

成本可以综合反映厨房的管理品质，如厨房劳动生产率的高低，原材料的使用是否合理，是否节约使用能源等，很多因素都能通过成本直接或间接地反映出来。

三、厨房菜点成本分类

厨房菜点成本和其他成本一样可以按照多种标准进行分类。

1．按成本与菜点形成的关系可分为直接成本和间接成本

直接成本是指餐饮中具体的原材料费用，包括菜点成本和饮品成本，也是餐饮业务中最主要的支出。间接成本则是指操作过程中所引发的各种费用，如人事费用和经常费用（即一些固定的开销）。其中，人事费用包括员工的薪资、奖金、食宿、培训和福利；经常费用则

是水电费、租金、设备装潢的折旧、利息、税金、保险和其他杂费。

2. 按是否随产销变动可分为固定成本、变动成本和半变动成本

固定成本是指总量不随产量和销售量的增减而相应变动的成本，如餐厅的折旧费、修理费、企业管理费等。变动成本是指总量随产量和销售量的变化而按比例增减的成本，如食品原料、洗涤费和餐巾纸费等。半变动成本是随着产量和销售量变动而增减的成本，但其增减量不完全按比例变化，如餐具、灶具费用，水、电、燃气费等。

3. 按短期内是否可控可分为可控制成本和不可控制成本

可控制成本是指在短期内能够改变或控制数额的成本，如菜点饮品的原材料成本等，一般为可控成本。某些固定成本也属可控成本，如办公费、差旅费、推销菜点广告费等。不可控制成本则是指短期内无法改变的成本，如折旧、大修理费、利息以及正式员工的工资费用等。

4. 按计算方法可分为总成本和单位成本

总成本是指企业在一定时期内（财务、经济评价中按年计算）为生产和销售所有菜点而产生的全部费用。单位成本是指生产单位菜点而平均耗费的成本，一般只要将总成本除以总产量便能得到，即是将总成本按不同消耗水平摊给单位菜点的费用，它反映同类菜点的费用水平。

5. 按预算与结算可分为标准成本和实际成本

标准成本是指在正常和高效率经营情况下，餐饮生产和服务应占用的指标。为了控制成本，通常要确定单位标准成本，例如每份菜点的标准成本、分摊到每位客人的平均标准成本、标准成本率和标准成本总额。实际成本则是指餐饮经营过程中实际消耗的成本。

单元二　厨房菜点成本核算

一、厨房菜点成本核算的概念

对厨房菜点生产中生产费用的支出进行核算，称为厨房菜点成本核算。在厨房范围内主要是对耗用原材料成本的核算，包括记账、算账、分析的核算过程，以计算菜点的总成本和单位成本。成本核算的过程既是对菜点生产耗费的反映，又是对主要费用支出的控制过程，它是整个成本管理工作的核心环节。

二、厨房菜点成本核算任务

1. 为制定销售价格打下基础

厨房生产制作各种菜点，首先要选料，并测算净料的单位成本，然后按菜点的质量、构成内容确定主料、配料、调料的投料数量，各种用料的净料单位和投料数量确定后，才能算出菜点的总成本。显然，厨房菜点的成本是核算价格的基础，成本核算的正确与否将直接影响定价的准确性。

2. 为厨房生产操作投料提供标准

各餐饮企业根据自身的经营特点和技术专长，都有自行设计的较定型的菜谱，菜谱规定了原料配方，规定了各种主、配料和调味品的投料数量以及烹调方法和操作过程等，并填写到投料单上，配份时按标准配制。因此，成本核算为厨房菜点加工各个工序操作的投料数量提供了一个标准，防止出现缺斤少两的现象，保证菜肴的分量稳定。

3. 为财务管理提供准确数据，促进实施正确的经营决策

餐饮企业制定出来的菜谱标准成本，虽然为烹制过程中的成本控制提供了标准依据，但厨房菜点花色品种繁多，边生产边销售，各品种销售的份数不同，且烹制过程中手工操作较多，因此，实际耗用的原料成本往往会偏离标准成本。通过成本核算查找实际成本与标准成本间产生差异的原因，如原料是否充分利用、净料率是否测算准确、净料单位是否准确、是否按规定的标准投料，促进相关部门采取相应措施，使实际耗用的原料成本越来越接近或达到标准成本，从而使这种偏差越来越小，达到控制成本的目的。

4. 找出菜点成本升高或降低的原因以降低成本

没有正确、完整的会计核算资料，财务管理的决策、计划、管理、控制、分析就无从谈起，只有以核算方法、核算结果为根据，以科学的成本核算为手段进行科学管理，从核算阶段发展到管理阶段，才能达到提高企业经济效益的目的。

三、厨房菜点成本核算要求

1. 管算结合、算为管用

成本核算应当与加强企业经营管理相结合，所提供的成本信息应当满足企业经营管理和决策的需要。

2. 正确划分各种费用界限

为了正确地进行成本核算，正确地计算菜点成本和期间费用，必须正确划分以下五个方面的费用界限。

（1）正确划分应否计入生产费用、期间费用的界限。

（2）正确划分生产费用与期间费用的界限。

（3）正确划分各月生产费用和期间费用的界限。

（4）正确划分各种菜点生产费用的界限。

（5）正确划分完工菜点与在制菜点生产费用的界限。

以上五个方面费用界限的划分过程，也就是菜点生产成本的计算和各项期间费用的归集过程。在这一过程中，应贯彻受益原则，即何者受益何者负担费用，何时受益何时负担费用；负担费用的多少应与受益程度呈正比。

3. 正确确定财产物资的计价和价值结转方法

财产物资计价和价值结转方法主要包括：固定资产原值的计算方法、折旧方法、折旧率的种类和高低，固定资产修理费用是否采用待摊或预提方法以及摊提期限的长短；固定资产与低值易耗品的划分标准；低值易耗品和包装物价值的摊销方法、摊销率的高低及摊销期限的长短等。为了正确计算成本，对于各种财产物资的计价和价值的结转，应严格执行国家统一的会计制度。各种方法一经确定，应保持相对稳定，不能随意改变，以保证成本信息的可比性。

4. 做好各项基础工作

（1）做好定额的制定和修订工作。

（2）建立和健全材料物资的计量、收发、领退和盘点制度。

（3）建立和健全原始记录工作。

（4）做好计划价格的制定和修订工作。

四、厨房菜点成本核算步骤

1. 收集厨房菜点成本资料

收集厨房菜点成本资料是成本核算的前提和基础，要以原始记录和实测数据为准，而不能用估计毛值，以保证成本核算的准确性。

2. 厨房菜点成本核算

厨房菜点成本核算分为采购成本核算、库房成本核算、厨房加工核算、餐厅成本核算和会计成本核算等多种。成本核算往往要分类进行，各个环节数据相互联系。

3. 厨房菜点成本分析

在成本核算的基础上，应定期对成本核算的结果及其核算资料进行成本分析，提出分析报告。一般来说，每周、每月都应进行一次成本分析，以指导厨房生产活动的顺利进行。

4. 提出改进意见

根据成本核算和分析的材料，对采购、存储、出库、领用以及库房、厨房、餐厅等各环节、各部门进行分析，找出影响成本的原因，并针对主要原因提出改进建议，以便为加强成本控制、降低成本消耗提供客观依据。

五、厨房菜点原料成本核算

主料、配料是构成厨房菜点的主体，主配料成本是厨房菜点成本的主要组成部分，计算厨房菜点成本，必须首先从计算主料、配料成本做起。

毛料是指没有经过加工处理的原料，即是原料采购回来的市场形态。有些原料本身是半成品，但对厨房来说，仍是市场形态，因为这些原料半成品还需要经过进一步加工才能参与配菜，一旦经过加工后，其原料成本已经发生变化（尽管有时这种变化不是很大）。

净料是指经过加工，可以用来配制菜点的原料。净料是组成单位菜点的直接原料，其成本的高低直接决定着菜点成本的高低，其影响因素主要有：①原料的进货价格、质量和加工处理的损耗程度；②净料率的高低，即加工处理后的净料与毛料的比率。

（一）净料成本的计算

大部分采购回来的菜点原料经过加工后会有净成本的变化，这样其单位成本也发生了变化，所以必须进行净料成本核算，其计算公式如下：

$$净料成本 =（毛料总值 - 下脚料总值）/ 净料重量$$

其中，毛料总值是指采购此种原料的总价款；下脚料总值是指毛料经过加工处理后还可作其他用途的原料总价值。

1. 一料一档的计算方法

一料一档的计算方法包括以下两种情况：

（1）原材料经过加工处理后有一种净料，下脚料已无法利用，其成本核算是以毛料价值为基础，直接核算净料成本，其计算公式如下：

$$净料成本 = 毛料总值 / 净料重量$$

例如：某酒店采购莴笋 42 千克，采购单价 3.8 元 / 千克。经初步加工后得到净料 35 千克，下脚料没有任何利用价值，计算净料成本。

根据净料成本的计算公式，莴笋的净料成本计算如下：

$$莴笋的净料成本 = 毛料的进价总值 / 净料总重量$$
$$= 42×3.8/35$$
$$= 4.56（元 / 千克）$$

（2）毛料经过处理后得到一种净料，同时又有可以作价利用的下脚料，因而必须从毛料总值中扣除这些下脚料的价款，再除以净料重量，求得净料成本。其计算公式如下：

$$净料成本 =（毛料总值 - 下脚料总值）/ 净料总量$$

例如：某酒店采购活土鸡 10 只，总重 24 千克，采购单价 29 元 / 千克，宰杀后得到光鸡 20 千克，鸡杂 1.1 千克（单价为 19 元 / 千克），鸡血 1.2 千克（单价为 14 元 / 千克），求土鸡的净料成本。

根据净料成本计算公式，土鸡的净料成本计算如下：

$$土鸡的净料成本 =（毛料的进价总值 - 下脚料总值）/ 净料总重量$$
$$= [（24×29）-（1.1×19）-（1.2×14）] /20$$
$$≈ 32.92（元 / 千克）$$

2. 一料多档的计算方法

一种原料经过加工处理后，得到两种或两种以上的净料或半成品，这时要分别计算每一种净料成本。菜点原料加工处理形成不同的档次后，各档原料的价值是不同的，为此，要分别确定不同档次的原材料的价值比率，然后才能核算其分档原料成本，核算公式如下：

$$分档原料单位成本 =（毛料价格 × 毛料重量 × 各档原料价值比率）/ 各档净料重量$$

例如：某食堂采购猪后腿 2 只 34 千克，每千克单价为 21 元，经拆卸分档，得到精肉 24.5 千克，肥膘 4 千克，肉皮 2.5 千克，骨头 2.7 千克，损耗 0.3 千克，各档原料的价值比率分别为 80%、9%、3%、8%，请核算各档原料净料成本。

$$猪后腿的进价总值 = 34×21 = 714（元）$$

精肉的净料成本 =（猪后腿的进价总值 − 肥膘、肉皮、骨头占毛料总值之和）/ 精肉重量

=[714−（714×9%+714×3%+714×8%）]/24.5

=571.2/24.5

≈23.31（元 / 千克）

肥膘的净料成本 =（猪后腿的进价总值 − 精肉、肉皮、骨头占毛料总值之和）/ 肥膘重量

=[714−（714×80%+714×3%+714×8%）]/4

=64.26/4

≈16.07（元 / 千克）

肉皮的净料成本 =（猪后腿的进价总值 − 肥膘、精肉、骨头占毛料总值之和）/ 肉皮重量

=[714−（714×9%+714×80%+714×8%）]/2.5

=21.42/2.5

≈8.57（元 / 千克）

骨头的净料成本 =（猪后腿的进价总值 − 肥膘、肉皮、精肉占毛料总值之和）/ 骨头重量

=[714−（714×9%+714×3%+714×80%）]/2.7

=57.12/2.7

≈21.16（元 / 千克）

（二）生料成本的计算

生料是指仅经过拣洗、宰杀、拆卸等加工处理，而没有经过烹调，更没有达到成熟程度的各种原料的净料。其成本计算方法如下：

生料成本 =（毛料总值 − 下脚料总值）/ 生料总量

例如：某酒店购进去内脏的冰冻三文鱼 1 条 8.5 千克，每千克 87 元，经过分档取料后，得鱼皮 0.5 千克（每千克 22 元），鱼头 0.8 千克（每千克 46 元），鱼尾 0.3 千克（每千克 29 元），鱼骨 0.6 千克（每千克 18 元），损耗 0.4 千克，计算净三文鱼肉的单位成本。

毛料总值：8.5×87=739.5（元）

下脚料总值：0.5×22+0.8×46+0.3×29+0.6×18=67.3（元）

净三文鱼肉重量：8.5−0.5−0.8−0.3−0.6−0.4=5.9（千克）

净三文鱼肉成本 =（三文鱼总值 − 下脚料总值）/ 净三文鱼肉总量

=（739.5−67.3）/5.9

=113.93（元 / 千克）

（三）半成品成本的计算

半成品是指经过制馅处理或热处理后的原料，如虾胶、鱼胶、腌制好的肉丝等。根据其加工方法又可以分为无味半成品和调味半成品两种。

1. 无味半成品成本计算

无味半成品主要是指在初步处理过程中没有添加任何调味品的各类原料。其成本计算公式如下：

无味半成品成本 =（毛料总值 − 下脚料总值）/ 无味半成品重量

例如：用作红扣圆蹄的猪蹄髈 6 千克（每千克 22 元），经加工剔除骨头 1.5 千克（每千克 21 元），肉煮熟后损耗 25%，计算熟肉单位成本。

$$熟肉单位成本 =（圆蹄总值 - 骨头总值）/ 熟肉重量$$
$$=（6×22-1.5×21）/[（6-1.5）×（1-25\%）]$$
$$=100.5/3.38$$
$$=29.73（元 / 千克）$$

2. 调味半成品成本计算

调味半成品是指在初步处理过程中加入调味品的半成品，如油发鱼肚、腌制后的肉丝等。其成本计算公式如下：

$$调味半成品成本 =（毛料总值 - 下脚料总值 + 调味品总值）/ 调味半成品重量$$

例如：干鱼肚 2.6 千克经油发，并使用碱去除油分后得成品 6 千克，在油发过程中耗油 0.5 千克，去油过程中用碱 0.3 千克。已知干鱼肚每千克进价为 320 元，食用油每千克进价 22 元，碱每千克进价 12 元，计算油发后并去除油分的鱼肚的单位成本。

$$涨发鱼肚成本 =（鱼肚总值 - 下脚料总值 + 油、碱的总值）/ 油发后鱼肚重量$$
$$=[320×2.6-0+（0.5×22+0.3×12）]/6$$
$$=（832-0+14.6）/6$$
$$=141.1（元 / 千克）$$

（四）调味品成本计算

调味品成本核算方法有两种：一种是计量法，是传统做法；另一种是估算法，是现代较流行的做法。计量就是根据使用多少量的调味料，按照每 500 克的进价来计算实际的调味成本，这种计算办法由于比较烦琐，在实际操作过程中较少使用。使用最多的估算法，即根据企业本身的实际情况，计算出每种销售规格的平均调味成本。

（五）成品成本计算

成品即熟菜点，尤以卤制冷菜为多，其成本与调味半成品类似，由主料、配料、调味料成本构成，计算公式如下：

$$成品成本 =（毛料总值 - 下脚废料总值 + 调味品总值）/ 成品重量$$

例如：某酒楼采购了 14 只土鸡，共计 28 千克（每千克进价 29 元），宰杀后可利用的鸡杂 2.6 千克（每千克价值 17 元），鸡烤熟后重 21 千克，耗用油、香料等计 19 元，计算该烤鸡的成本。

$$烤鸡成本 =（毛料总值 - 鸡杂总值 + 调味品总值）/ 烤鸡重量$$
$$=（28×29-2.6×17+19）/21$$
$$=786.8/21$$
$$=37.46（元 / 千克）$$

六、厨房菜点整份成本核算

厨房菜点成本核算方法主要包括先分后总法和先总后分法两种，其中，先分后总法适用于单件制作菜点的成本计算，先总后分法适用于成批菜点的成本核算。

（一）单件菜点成本核算方法

单件菜点成本核算，采用先分后总法，随机选择菜点抽样，测定单件菜点实际成本消耗，根据抽样测定结果，计算成本误差，填写抽样成本核算报表，分析原因，提出改进措施。

例如："西芹腰果炒虾球"，虾仁采购价格为42元／千克，净料率为90%，用量200克；腰果采购价格为66元／千克，净料率为100%，用量50克；西芹采购价格为8元／千克，净料率为85%，用量150克，调味料成本为1.1元。求该菜品成本。

$$虾仁净成本 =（42/90\%）×（200/1\ 000）≈9.33（元）$$
$$腰果净成本 =（66/100\%）×（50/1\ 000）=3.3（元）$$
$$西芹净成本 =（8/85\%）×（150/1\ 000）≈1.41（元）$$
$$菜肴总成本 =9.33+3.3+1.41=14.04（元）$$

（二）批量菜点成本核算方法

批量菜点成本核算是依据一批菜点的生产数量和各种原料实际消耗进行的。批量菜点成本核算采用先总后分法，其计算公式如下：

$$单位菜点成本 = 本批菜点所耗用的原料总成本 / 菜点数量$$

例如：牛肉包子120个，用料：面粉2千克，采购价为7元／千克；牛肉1.5千克，采购价为42元／千克；酱油0.15千克，采购价为9元／千克；味精、葱末、姜末适量，作价1.5元。求牛肉包子的单价。

$$每个牛肉包子成本 =（2×7+1.5×42+0.15×9+1.5）/120≈0.66（元）$$

七、厨房菜点销售价格计算

（一）厨房菜点价格构成要素

由于厨房菜点的特殊性，其经营特点是产、销、服务一体化，所以菜点价格的构成应当包括菜点从采购到消费各个环节的全部费用，其计算公式如下：

$$菜点售价 = 原料成本 + 毛利额$$

其中，原料成本是指主料、配料和调料经过加工后的成本总和；毛利额是指经营费用（工资、租金、福利、税收、设备折旧等）加上应得利润的总和。

毛利额是个绝对值，在实际使用中，难以表达出应承担的费用和应获得的利润，故多用毛利率概念，即用百分比表示，计算售价时也是使用毛利率而不是使用毛利额。

不同的品种和销售对象有不同的毛利率，这样原料成本与毛利间就会有很多种组合，还会因许多因素的影响而变动。

（二）影响厨房菜点售价的因素

企业在制定菜点价格时的影响因素很多，企业的管理人员必须认真、充分地分析和研究，才有可能制定出有利于企业生存与发展的合适的餐饮菜点价格。影响餐饮菜点定价的因素一般可分为两大类，即内部因素与外部因素（见表8-1）。

表 8-1　影响餐饮菜点定价的内外因素

类　别	具 体 说 明
内部	① 原料成本和费用，包括原料的进货价格、净料率，以及人工、房租、税收、福利等 ② 技术水平，即实际的烹饪操作水平，操作水平较稳定，成本变化也稳定，反之成本就容易上下浮动 ③ 经营方针，即经营档次和经营特色对品种定价的影响，主要表现为对毛利率的影响 ④ 期望值，即经营管理者期望能实现的毛利率水平，对于每一类销售品种，都有确定的毛利率标准
外部	① 市场需求，按照现代市场营销学的观点，企业必须在满足市场需求的基础上实现收入 ② 竞争因素，其他餐饮企业，特别是档次相近在同一区域的餐饮企业的价格，对本餐饮企业价格的制定具有较大的影响和制约 ③ 目标市场特点，即顾客需求特点，表现为对价格的关心程度和承受力 ④ 其他，如通货膨胀、物价指数、一定时期的经济政策以及社会大型活动，都会构成对价格的影响 ⑤ 气候，气候对餐饮消费者的影响是较大的，如在炎热的夏季，某些清热降火类菜肴的销售量大增，其销售价格必然比寒冷的冬季要高

（三）厨房菜点售价的计算方法

1. 成本毛利率法

成本毛利率法是指以菜点成本为基数，按确定的成本毛利率加成计算出销售价的方法。由于这是由毛利率与成本之间的关系推导出来的，所以叫作成本毛利率法，其计算公式如下：

$$菜点销售价格 = 菜点原料成本 × (1 + 成本毛利率)$$

注意：利用成本毛利率计算出来的只是理论售价，或者只是一个参考价格，在实际操作中还需要根据该菜点的档次及促销因素来最后确定菜点的实际售价。

例如：某餐厅制作一盘菠萝咕咾肉，用掉五花肉 0.35 千克（每千克价格 24 元），菠萝肉 0.3 千克（每千克 8 元），番茄酱、鸡蛋及其他调料等花费 4.50 元。根据一般行业水平核定此菜成本（外加）毛利率为 48%，计算其理论售价。

（1）计算原料总成本：

$$原料总成本 = 0.35 × 24 + 0.3 × 8 + 4.5 = 15.3（元）$$

（2）代入公式计算理论售价：

$$理论售价 = 15.3 × (1 + 48\%) ≈ 22.64（元）$$

2. 销售毛利率法

销售毛利率法是指以菜点销售价格为基础，按照毛利与销售价格的比值计算价格的方法。由于这种毛利率是由毛利与售价之间的比率关系推导出来的，所以叫作销售毛利率法，其计算公式如下：

$$菜点售价 = 菜点成本 / (1 - 销售毛利率)$$

例如：清蒸鲈鱼一份，其用料规格：鲜活鲈鱼 1 条 0.7 千克（每千克采购价格为 48 元），葱、姜、料酒、酱油、味精、糖等调料适量（其价值为 1.8 元），根据行业水平核定销售（内扣）毛利率为 54%，计算其理论售价。

（1）计算原料总成本：

$$原料总成本 = 0.7 × 48 + 1.8 = 35.4（元）$$

　　（2）代入公式计算理论售价：

$$理论售价 =35.4／（1-54\%）\approx 77（元）$$

3．毛利率间的换算

成本毛利率与销售毛利率之间的关系如下：

$$成本毛利率 = 销售毛利率／（1- 销售毛利率）$$
$$销售毛利率 = 成本毛利率／（1+ 成本毛利率）$$

单元三　厨房菜点成本控制措施

　　以恰当的成本，生产出顾客最为满意的菜点，是厨房菜点成本控制的宗旨。厨房菜点成本控制是借助成本记录的数据，对成本进行核算、分析，并通过业务环节想方设法控制成本支出的一系列完整过程。厨房成本控制是厨房部门在保证出品质量和数量的前提下，根据成本预算，将实际成本与标准成本进行比较分析，找出发生差异的因素和原因，进而对厨房菜点生产过程和方式进行指导、干预和调整，以实现成本在规定的范围内波动的管理活动。

一、厨房用工成本控制

　　厨房各岗位对员工的任职要求不一样。在安排员工岗位时应充分考虑人事部门提供员工的背景材料、综合素质情况以及岗前培训情况。将员工安排在各自适合的岗位，要做到以下两点。

1．量才使用，因岗设人

　　厨房在对岗位人员进行选配时，首先要考虑各岗位人员的素质要求，即岗位任职条件。上岗的员工要能胜任、履行其岗位职责。同时要在认真细致地了解员工特长、爱好的基础上，尽可能照顾员工的意愿，让其有发挥聪明才智、施展才华的机会和动力。要力戒照顾关系、情面，因人设岗，否则将为厨房生产和管理留下隐患。

2．不断优化岗位组合

　　厨房人员到岗以后，其岗位并非一成不变。在生产过程中，可能会发现一些员工学非所用、用非所长，或者会暴露一些班组群体搭配欠佳、团体协作精神缺乏等问题。如不解决这些问题，不仅影响员工工作情绪和效率，久而久之，还可能产生不良风气，妨碍管理。因此，优化厨房岗位组合是必需的。但在优化岗位组合的同时，必须兼顾各岗位尤其是主要技术岗位工作的相对稳定性和连贯性。优化岗位组合的依据是系统的、公平公正的考核和评估。在岗位优化组合形成制度之后，员工的责任感、自律自觉以及创新意识都会加强。

二、能源使用成本控制

　　现在，各企业节能意识逐渐增强，各种节能措施都能降低成本，提高利润。餐饮企业厨房的能源控制主要表现在水、电、气的控制上，能源费用是厨房菜点成本控制中的一项重要工作，能够合理有效地控制能源，就可减少能源费用，提高利润。

（一）水费控制

餐饮企业用水属于经营服务用水，虽然水费在整个经营成本中所占的比例并不高，但如果所有员工都能意识到节约用水的重要性并能够合理减少用水，也可以节省一定的水费。需要牢记的一点是，节约用水不能以降低卫生水准为代价。在厨房水费控制管理过程中，管理人员每天收班后应盘点用水量，参照营业额比例判断用水量是否合理，如有不合理之处应及时查明原因并做出改进计划。厨房节水可采取以下措施：

（1）安装废水再利用的节水装置。

（2）采用双层洗菜盆。

（3）设置厨房用循环水箱。

（4）安装节水型商用中餐灶。

（5）设计厨房废水分流节水系统。

（6）总、分水表抄表统计。

（7）节水与奖金挂钩。

（二）电费控制

餐饮企业厨房电费是厨房菜点成本的重要组成部分，随着电价的攀高，电力消耗越来越让人头疼，怎么才能最大限度地节电降耗呢？

1．冰箱节电法

（1）冰箱应放在通风处，四周留出适当的散热空间。夏季来临之前，餐厅应先清理冰箱外围，留出足够的通风空间。散热好，冰箱耗电就少。

（2）调节温控器是合理使用冰箱的关键。夏季一般应将其调到最高处，以免冰箱频繁启动，增加耗电。

（3）及时除霜。一般电冰箱内蒸发器表面霜层达5毫米时就应除霜，如挂霜太厚，会产生很大的热阻，影响冷热交换，导致耗电量增加。

（4）冰箱不要塞得太满，物品与箱壁保持一定的间隙。如按照"五常法"用保鲜盒盛放原料比较好，一是避免了堆积，二是减少了水分蒸发，可以节省耗能。

（5）严禁将未冷却的热菜点马上放入冰箱内。准备使用的冷冻原料，可提前在冷藏室里融化，以降低冷藏室温度，减少耗电。

（6）发现门封条漏气，应及时更换，避免冷气从缝隙中散失，空耗电能。

2．电灯节电法

（1）建议厨房使用节能灯。因为厨房灯光只需有照明作用即可，而且使用时段固定，无须总是开关，节能灯最适合。节能灯与白炽灯比，可节电70%；与日光灯比，可节电30%。

（2）节能灯要尽量减少开关次数。人们常说"随手关灯，节约用电"，这对于白炽灯而言是对的，但对于节能灯而言就不对了。如果总开总关，瞬时高压电可达2倍正常电压，再加上两端的强大电流，极容易造成损坏，还会增加耗电量。

（3）通过调压开关节电。在灯控室新安装一个调压开关，它共有8档，可以根据日照条件调节灯光的亮度，从而达到节电的目的。

3．烤箱节电法

（1）在用电烤箱制作菜点时，应一气呵成，不要在烤完一箱后待很长时间再烤下一箱。

（2）烤箱要尽量利用箱内空间，一次多放几种菜点，这种用法既省时间，又省电。

4．电饭锅节电法

（1）使用电饭锅时要想节电，最好用热水煮饭，缩短烧煮到沸腾的时间，从而达到节电的目的。

（2）煮饭时，当锅内沸腾一段时间后，可拔掉电源插头，使电源断开，而利用电热元件的余热，使米饭的水全部被吸干；再插上电源插头，这样既可节约电能，又可延长电热元件的使用寿命，还能减少开关接触点的磨损，一举三得。

5．微波炉节电法

微波炉加热速度快，而且能源效率高，最宜使用它将食物加热。当客人就餐中需要加热菜品时，尽量不要回锅，使用微波炉加热是最节能的。

（三）气费控制

市场上绝大多数厨房都是以煤气、天然气为燃料来烹调菜品的，因此气费也是一项重要的经常性支出。燃气的使用者是厨师，因此厨师应对用气进行合理控制，尽可能充分利用热量，减少损失，缩短用火时间。节约用气具体可以采用以下六种方法：

（1）合理调整燃具火力大小。根据烹制菜点的实际需要将火力开关调整至合适的位置。

（2）防止火焰空烧。烹调前应充分做好准备工作，以防点燃火后手忙脚乱；洗锅、出锅装盘时应将火调至最小。

（3）调整好火焰。发现火焰呈黄色或者冒烟应及时处理，因为此时燃气没有充分燃烧，可尝试调整风门，清理炉盘火头上的杂物，检查软管或开关是否正常。

（4）尽可能使用底面较大的锅或壶。因为底面大，灶的火可以开得大些，锅的受热面积大，同时灶具的工作效率也高。

（5）烧水时尽可能用热水器。因为热水器的热效应远高于灶具，如用热水器烧热水可比用灶烧节气 1/3，同时还节省时间。

（6）改进烹调方法。改蒸饭为焖饭，改用普通锅为高压锅，省时省气。

三、成本标准对比控制

制定成本标准，并以此来监督、约束和考核厨房的成本控制情况是厨房成本控制的有效方法之一。厨房管理人员要根据原材料的价格及粗加工、半成品的出成率和价格等建立档案，规定各种菜点原材料的消耗定额，制作出标准成本卡并经常地、不定期地与厨房实际操作成本进行对比；使厨师的奖金与成本控制挂钩，以提高厨师的节源积极性。

（一）制定标准成本率

成本率是指厨房成本与厨房收入之比，能比较客观地反映出成本的控制效果。餐饮门店要根据自身的规格档次以及市场行情合理制定标准成本率，并分类制定成本率以及上下浮动比例。例如，牛扒、套餐、面点、沙拉的成本率是不一样的。厨房成本率应该是一个变动的成本概念，即根据厨房形势的发展变化随时调整成本率，而不应多年保持不变。

（二）建立标准食谱卡

建立标准食谱卡是餐饮企业目前所普遍采用的一种控制成本的手段。标准食谱卡将原料的选择、加工、配伍、烹调及其成品特点有机地集中在一起，可以更好地帮助统一生产标准，保证菜肴质量的稳定性。其对生产管理成本控制、采购及库存成本控制、原料成本控制等多个方面都有着重要的作用。

1. 标准食谱卡在厨房菜点成本管理中的作用

（1）标准食谱卡对管理成本的控制。标准食谱卡由于从原料、制作工序等各个方面对菜肴进行了量化、明确、规范，因此可以减少督导，高效率安排生产，从而能有效地降低管理成本。

标准食谱卡能有效降低人力成本，特别是对厨师的要求降低了。由于菜肴制作标准化，只要照做就可以基本实现，因此可避免人员波动带来菜肴风格的波动，影响企业经营。

由于主要原料、辅料的使用都得到了量化，考核激励措施更为明确，让厨房从被动接受控制管理的角色转变为"职业自觉"，不断提高其内部管理水平。

建立标准食谱卡有利于企业财务管理者从传统的账本数据分析向更深的专业管理领域发展，既体现了财务的监督作用，同时也体现了财务数据分析为经营服务的理念。

（2）标准食谱卡对采购、库存成本的控制。依据标准食谱卡，所有原料、餐具的品质得到确定，因此采购的目标非常明确，不会因为盲目采购而造成浪费或发生不合理情况。

标准食谱卡使原料的使用得到量化，产量的预示也更为准确，通过对过往主要原料的使用进行分析，可以做到量化采购，合理降低库存，以较少的资金使企业得以运营，从而降低经营成本。

（3）标准食谱卡对菜肴原料成本及制作成本的控制。标准食谱卡确定了目标菜肴主要主料、调料的用量，及其他辅料的使用规范，因此目标菜肴的主要原料成本基本得到控制。

标准食谱卡规定了目标菜肴的制作工序及操作要点，因此目标菜肴的制作加工成本也能够得到控制。

2. 标准食谱卡的制订程序

（1）设计标准食谱卡表式。主要包括主料、配料、调料，注意明确蔬菜和泡发原材料的出率（有些原材料因在泡发过程中会有一定程度的损失，而且有些原材料因进货质量不同，在出率上有很大差别，如哈士膜、鱼翅等）。并相应设计程序保障环节，谁制订，谁审核。

（2）明确菜点特点及质量标准。标准食谱卡既是培训、生产制作的依据，又是检查考核的标准，其质量要求更应明确、具体才切实可行。

（3）确定主、配料原料及数量。这是很关键的一步，它确定了菜肴的基调，决定了该菜的主要成本。有的菜点只能批量制作，可以平均分摊测算主、配料的数量，例如点心、菜肴单位较小的品种。不论菜、点规格大小，都应力求精确。

（4）规定调味料品种，试验确定每份用量。调味料品种、牌号要明确，因为不同厂家、不同牌号的质量差别较大，价格差距也较大。调味料只能根据批量分摊的方式测算。

（5）根据主、配、调味料用量，计算成本、毛利及售价。随着市场行情的变化，单价、总成本会不断变化，因此第一次制订菜点的标准食谱卡必须细致精确，为今后的测算打下良好基础。

（6）规定加工制作步骤。将必需的、主要的、易产生其他做法的步骤加以统一规定，并可用术语，精练明白即可。

（7）选定盛器，落实盘饰用料及式样。

（8）填制标准食谱卡。字迹要端正，要使员工一目了然。

（9）按标准食谱卡培训员工，统一生产出品标准。需要指出的是，标准食谱卡的制订不是一蹴而就的，需要经过反复实践和修正，才能得以精确量化及规范化。

3．标准食谱卡的实施

（1）统一思想。一旦决定使用标准菜谱，应向生产人员说明使用标准菜谱的意义。

（2）先从少量高档菜肴开始。高档菜肴的成本是关键，品种少，易把握。

（3）建立制度。每增加新菜都要标注菜谱。

（4）检查监督。管理人员应下厨房检查员工是否按标准菜谱操作。

4．标准食谱卡样例

标准食谱卡根据餐饮企业管理特点的不同，呈现多种多样的形式（见表 8-2、表 8-3）。

表 8-2　烧焗带鱼段标准菜谱

编号：008			审核：张三					
菜名：烧焗带鱼段 类别：热菜 分量：650 克／例 盛器：17 英寸船型碟			日　期：2020 年 6 月 30 日 成　本：11.91 元 售　价：28 元 毛利率：57.5%					
质量标准			色泽红亮、细腻鲜香、形态完整					
用料名称		数量（克）	价格（元／千克）	金额（元）		产地	包装	备注
主料	冰鲜带鱼	450	22	9.9		海南	冰冻散装	
	番茄	100	4	0.4		本地	散装	
辅料	老姜	5	9	0.05		本地	散装	
	蒜头	7	7	0.05		本地	散装	
	泡红椒	25	6.5	0.16		湖南	瓶装	
	野山椒	18	8	0.14		广西	瓶装	
	香葱	15	5	0.08		本地	散装	
	淀粉	50	8.5	0.43		四川	袋装	
调料	精盐	2	2.6	0.01		广东	袋装	
	料酒	5	12	0.06		浙江	瓶装	
	味精	3	32	0.09		山东	袋装	
	蚝油	10	18	0.18		广东	瓶装	
	五香粉	1	30	0.03		本地	袋装	
	番茄酱	35	9.5	0.33		广东	罐装	
成本合计				11.91 元				
制作程序	① 将带鱼砍成 5 厘米长的块，加料酒、姜片、香葱腌制 15 分钟后挑出姜葱，加入淀粉、五香粉粘裹均匀备用 ② 番茄切成小块，泡椒切菱形片，葱切成葱花备用 ③ 炒锅烧热放油烧至七成热，放入腌制好的带鱼进锅炸熟，炸好后与油一起倒入漏勺，沥干油 ④ 锅留底油炒香姜蒜片、泡椒、番茄酱，加苏木水、盐、鸡精、适量的蚝油调制好后把带鱼入锅，烧至汤汁浓稠后，再调入适量的蚝油炒匀即可出锅							

表 8-3　黄焖鲩鱼块标准菜谱

编号：009

初审核　张三　复审核　李四　编制日期 2020.6.30

菜名：黄焖鲩鱼块　　　盛　器：12 英寸石锅
类别：热菜　　　　　　售　价：78 元
分量：1 050 克／锅　　毛利率：53.6%

质量标准	鱼块完整、色彩鲜艳、口味咸鲜略带酸辣味				
用料名称	数量（克）	价格（元／千克）	金额（元）	备注	预备及做法
鲜活鲩鱼	750	38	28.5		
青蒜	75	5	0.38		
水发木耳	80	5.5	0.44		
鲜笋	70	12	0.84		
泡红椒	50	6.5	0.33		① 将鱼宰杀后砍成 25 克左右的块，用盐、料酒、姜片、葱腌制 15 分钟后拣去姜葱，拍上干淀粉待用
老姜	15	9	0.13		② 将木耳切粗丝，青蒜切马耳朵段，泡红椒切菱形片，鲜笋切粗丝，蒜头拍松
蒜头	20	7	0.14		③ 炒锅洗干净上灶烧热，放入花生油进锅烧热，再放入鲩鱼块炸，直至鱼肉熟透表面呈现微黄色，油与鱼块一起倒出，沥干油
蚝油	6	18	0.11		④ 炒锅放回灶上，放入姜丝、辣椒丝，下笋片、木耳、鱼块，加料酒、老抽、鲜汤、盐，盖上锅盖，长时间加热，加入白糖、白胡椒粉、青蒜段再加热至汤汁少，淋入芡，加尾油，旋锅使芡汁均匀，舀入石锅中即成菜
精盐	3	2.6	0.01		
料酒	15	12	0.18		
白胡椒粉	2	36	0.07		
老抽	4	13	0.05		
鲜汤	500	10	5		
白糖	6	8	0.05		
	成本合计		36.2		

（三）成本分析与改进

厨房以及财务部门每月末要召开成本分析会，分析厨房总成本率、某一类菜点的成本率，甚至每一单品的成本率，并与标准成本率进行比较分析，找出成本控制中的薄弱环节和漏洞，改善成本状况。

首先，列出厨房成本明细表，与近期月份对比，明确成本增减情况。

其次，对部分成本上升的原料进行分析，明确问题点。

最后，在成本核算和成本分析的基础上，分析各环节成本管理中存在的问题，找出具体原因，提出改进建议。

四、菜点制作前成本控制

菜点制作前成本控制主要是制定与成本控制相关的各项标准。

（一）采购环节成本控制

厨房成本控制的第一步，就是采购环节成本控制，这不仅仅是以最低价格进行采购的问题，而是要从总体上，以最小的投入获得最大的产出。

1. 采购人员应具备的业务素质与道德准则

（1）采购人员应具备的业务素质

① 了解菜点制作的要领、程序和厨房业务。

② 掌握菜点原料的相关知识。

③ 了解菜点原料供应市场和采购渠道，建立长期、稳定、相互信任的交易关系。

④ 了解进价与销售价格的核算关系，如菜肴名称、售价和分量以及理想毛利等。

⑤ 熟悉财务制度，如现金、支票、发票等的使用要求和规定，对应收、应付款的处理。

（2）采购人员应具备的道德准则

① 要具有基本的职业道德和敬业精神，不得损公利己。

② 与上级、同事及供应商做好沟通、协调工作。

③ 在采购活动中做到公正、诚实、原则性强。

④ 不得接受礼物或收取回扣。

2. 制定原料采购规格标准

酒店要想达到最佳经营效果和管理菜点成本，对菜点原料质量标准、价格标准和采购数量进行有效的管理，就需要制定采购规格标准。

采购规格标准的制定应根据酒店厨房的特殊需要，对所要采购的各种原料做出详细具体的规范，包括形状、色泽、等级、包装要求等各个方面。当然，酒店厨房不可能也没有必要对所有原料都制定规格标准，但对占菜点成本将近一半的肉类、禽类、水产原料及某些重要的蔬菜、水果、乳品类原料都应制定规格标准。

3. 严格控制采购数量

菜点原料的数量对餐饮企业来说至关重要，数量过多或过少都不利于成本控制，造成浪费（见表8-4）。因此，原料采购必须制定每种菜点原料的采购数量标准，以避免上述情况的出现。

表 8-4　原料采购数量过多过少的结果

类　别	具 体 说 明
数量过多	① 造成原料变质，任何菜点原料的质量都会随着时间的流逝而逐渐降低，只不过有些原材料变质速度较快，有的则稍微慢一些而已 ② 容易引起偷盗、资金占用过多而增加库存管理费用等
数量过少	① 不可避免地造成原料供应不上而难以满足顾客需求的局面 ② 导致采购次数增多而增加采购费用

4．规范原料采购价格

餐饮原料的价格受诸多影响因素影响，通常波动较大。影响餐饮原料价格的主要因素有：市场货源的供求情况；采购数量的多少；原料的上市季节；供货渠道；餐饮市场的需求程度；供货商之间的竞争以及气候、交通、节假日等。面对诸多影响因素，餐饮企业有必要对原料采购价格实行控制，其控制途径主要有以下五个方面。

（1）限价采购。限价采购就是对所需购买的原料规定或限定进货价格，一般适用于鲜活原料。当然，所限定的价格不能单凭想象，而是来源于市场调查。

（2）竞争报价采购。竞争报价采购是由采购部向多家供货商索取供货价格表，或者是将所需常用原料写明规格与质量要求，请供货商在报价单上填上近期或长期的价格，再根据所提供的报价单进行分析，确定向谁购买。

（3）规定供货单位和供货渠道。这种定向采购一般在价格合理和保证质量的前提下进行，供需双方需要预先签订合约，以保障供货价格的稳定。

（4）控制大宗和贵重原料购货权。大宗和贵重原料是菜点成本的构成主体，因此对此可以规定：厨房提出使用情况报告，采购部门提供供货商的价格报告，具体向谁购买必须由管理层来决定。

（5）提高购货量和改变购货规格。大批量采购可降低原料价格，包装规格有大有小时，购买适用的大规格，也可降低单位价格。

5．建立严密的采购制度

没有一个严密的采购制度，管理人员就无法对采购进行有效的控制。不同的餐饮企业采购职能设置不完全一样，有的设有专门的采购部门来负责其所有用品与原料的采购，有的直接由个人负责采购，因此采购程序不尽相同，采购制度的繁简也有所差别。在制定采购制度的时候，要考虑经营规模，具体可以从以下六个方面来确定。

（1）确定采购人员。

（2）确定采购流程、采购时间、采购范围、采购品种和采购方式。

（3）制定三方验收制度和价格调查制度。

（4）制定单品采购标准。

（5）制定退换货制度和流程。

（6）制定采购正确和失误的奖惩机制。

6. 防止采购"吃回扣"

原料的采购成本几乎占据菜点总成本的一半，原料采购工作对菜点成本控制、采购原料质量起着不容忽视的作用。采购过程中，"吃回扣"现象无疑是菜点成本控制中最重大的问题之一，要想有效控制采购"吃回扣"，可以采用以下方法。

（1）选择高素质和优良品德的采购人员。采购人员的选择应注重个人的品质，知识和经验与品质相比反而是次要的，应选择为人耿直、不受小恩小惠诱惑的人作为采购人员。

（2）经常进行市场调查。对市场进行定期不定期的调查，有助于掌握市场行情，了解货物的价格与质量、数量的关系，与自己采购来的物品相关资料进行比较，以便及时发现问题、解决问题。

（3）财务、采购、厨房三方验收。财务、采购、厨房三方验收对成本的管理非常有效，尤其是在防止以次充好、偷工减料方面效果显著。

（4）有力度的财务监督。供应商、采购员报价后，财务部门应进行询价、核价等工作，实行定价监控。

（5）大宗物品采购控制。对大宗肉、海鲜、调料的长期供应商，最好是请相关部门审核决定，采购员并不是最后决策者和签订合同的人员。对大宗物品进行采购控制在一定程度上可以避免采购员和供应商建立"密切关系"。

（二）验收环节成本控制

1. 构建合理的验收体系

（1）配备称职的验收人员。验收必须聪明、诚实，对验收工作感兴趣，菜点原料知识丰富，责任心强。

（2）提供理想的验收场地。验收场地的大小、验收的位置好坏直接影响货物交接验收的工作效率。理想的验收位置应当设在靠近仓库至货物进出较方便的地方，最好也能靠近厨房的加工场所，这样便于货物的搬运，缩短货物搬运的距离，也可减少工作失误。验收要有足够的场地，以免货物堆积，影响验收。

（3）配置合适的验收工具。验收处应配置合适的工具，供验收时使用。比如开启罐头的开刀，开纸板箱的尖刀、剪刀、榔头、铁皮切割刀，起货钩，搬运货物的推车，盛装物品的网篮和箩筐、木箱等。验收工具既要保持清洁，又要安全保险。

（4）规范验收程序和养成良好的验收习惯。验收程序规定了验收工作的工作职责和工作方法，可使验收工作规范化。同时，按照程序进行验收，养成良好的习惯，是验收高效率的保证。

（5）完善验收监督检查制度。酒店管理人员应定期检查验收工作，复查货物重量、数量和质量，并使验收人员明白，管理人员非常重视和关心他们的工作。

2. 规范原料验收程序

在验收环节控制成本，首先需要做好验收基础工作，即明确餐饮原料验收程序，按照程序进行验收，可以减少中间不必要的环节。

(1) 根据订购单或订购记录检查进货。

(2) 根据供货发票检查货物的价格、质量和数量。

(3) 按要求办理验收手续。

(4) 原料验收完毕，需要入库的原料要使用双联标签，鲜活原料直接进入厨房。

(5) 填写验收日报表和其他报表。

3. 关注原料验收数量

验收时，首先必须保证数量符合要求，即原料订货量、送货量、发货量应保持一致，如果短缺或多余均按实收数付款。凡是可数的原料，必须逐一点数；凡是以重量计量的原料，必须逐件过称；检查原料的验收数量是否与请购单和发票上的数量一致。

4. 重视原料验收质量

验收应保证采购规格与送货规格保持一致。验收人员应对照原料采购规格标准仔细检查原料质量，如合格证、规格、等级、商标、产地、性能、有效期等。箱装原料应进行抽样检查，凡发现原料质量不符合要求者应坚决拒收。

5. 监督原料验收价格

验收时应特别注意对原料采购价格的监督检查。验收人员应检查购货发票上的价格是否与供应商的报价相一致，价格是否与采购订货单上所列价格相同，并经常进行市场价格调查。

6. 验收后及时处理

经验收合格的原料应尽快妥善处理。对于鲜活原料应及时通知原料使用部门（厨房）领用，防止原料的损失或遗失；凡用料部门不直接使用的原料，应及时按类别及储存要求送至对应的仓库。

（三）储存环节成本控制

1. 专人负责管理

原料的储存保管工作应有专职的仓库保管员负责，应尽量控制有权进入仓库的人数，仓库钥匙由仓库保管员专人保管，门锁应定期更换，以避免偷盗损失。

2. 保持适宜的储存环境

不同的原料应有不同的储存环境，如干货仓库、冷藏室、冷库等，普通原料和贵重原料也应分别储存。各类仓库的设计应符合安全、卫生要求，并保持各仓库的清洁卫生，以杜绝虫害和鼠害，从而保证库存原料的质量。餐饮企业要做好仓库管理工作，保证仓库质量及安全，以免造成损失，从而引起成本浪费。

3. 规范原料储存原则

(1) 及时入库、定点盘存。购入原料经验收后应及时运送至适宜的存储处，在储存时，各类原料、每种原料应有固定的存放位置，以免耽搁收发而引起不必要的损失。

（2）及时调整原料位置。入库的每批次原料都应注明进货日期，并按先进先出的原则发放原料，并及时调整原料位置，以减少原料的腐烂或霉变损失。

（3）定时检查。仓库保管员应定时检查并记录干货仓库、冷藏室、冷库及冷藏冰柜等设施设备的温度，以保证各类原料在适宜的温度环境下储存。

4. 定期盘存库存量

定期做好仓库的盘存，一般每半个月要进行一次。通过盘存，明确重点控制哪些品种，采用何种控制方法，如暂停进货、调拨使用、尽快出库使用等，从而减少库存资金占用，加快资金周转，节省成本开支，以最低的资金保证营业的正常进行。严格控制采购物资的库存量，每天对库存物品进行检查（特别是冰箱和冰库内的库存物品），对于不够的物品应及时补货，对于滞销的物品应减少或停止供应，以避免原材料变质造成的损失。

根据当前的经营情况合理设置库存量的上下限，每天由厨房仓管人员进行盘点控制，并做到原材料先进先出，保证原料的质量。

（四）发放环节成本控制

1. 构建定时发放原料制度

为了使仓库保管员有充分的时间整理仓库，检查各种原料的情况，不至于整天忙于发放原料，耽误其他必要的工作，应做出领料时间的规定，如上午8～10时、下午2～4时。仓库不应一天24小时都开放，更不应任何时间都可以领料，否则原料发放难免失去控制。同时，应尽可能规定领料部门提前一天送交领料单，不能让领料人员立等取料，这样不仅能让保管员有充分的时间准备原料，免出差错，还能促使厨房做出周密的用料计划。

2. 执行原料领用单制度

为了记录每一次发放的原料物资数量及其价值，以正确计算菜点成本，仓库原料发放必须坚持凭领用单发放的原则。领用单应由厨房领料人员填写，由厨师长核准签字，然后送仓库领料，保管员凭单发料后应在领用单上签字。原料物资领用单须一式三份，一联随原料物资交回领料部门，一联由仓库转财务部，一联由仓库留存。领料人员应正确、如实记录原料使用情况。

餐厅厨房经常需要提前准备数日以后所需的食物，如一次大型宴会的食物往往需要数天甚至一周的准备时间，因此，如果有原料不在领取日使用，而在此后某天才使用，则必须在原料领用单上注明该原料消耗日期，以便把该原料的价值计入其制成的菜点成本。

3. 贯彻科学的计价方法

原料发放完毕，保管员必须逐一为原料领用单计价。每批次原料的价格均在验收时注明在包装上或盘存卡上，这样就能使成本计算更为科学。如果酒店没有采取这种方法，则常以原料的最近价格进行领用单原料计价。计价完毕，连同双联标签存根一起，把所有领用单送交菜点成本控制员，后者即可以此计算当天的菜点成本。

4. 内部原料调拨的处理

大型的酒店往往设有多处餐厅、酒吧，因而通常会有多个厨房。餐厅之间、酒吧之间、餐厅与酒吧之间不免发生菜点原料的相互调拨转让，而厨房之间的原料物资调拨则更为经常。为了使各自的成本核算达到应有的准确性，餐厅内部原料物资调拨应坚持使用调拨单，以记录所有的调拨往来。

五、菜点制作中成本控制

生产中的成本控制非常重要，许多浪费现象就是在加工过程中产生的，但是控制起来难度较大。以往餐饮企业控制成本，多是依靠监督检查偷吃偷拿和浪费现象，或依靠教育使员工自觉约束自己。即使这样，也还是避免不了原料损耗所造成的浪费。菜点制作过程中主要有以下成本控制方法。

（一）生产程序控制法

要让厨房的工作人员严格按程序操作，认真执行加工标准，必须制定菜点加工的程序。

1．原料选择控制

无论是菜单设计时对原料规格的确定，还是出库时对原料的鉴别，都属于原料选择。厨房初加工人员有权拒收不合格原料，切配人员不能将劣质或是超过标准的原料继续加工，更不能送到大灶。所以说，原料选择是厨房生产加工不可缺少的环节。

2．初步加工控制

这一环节是保证出成率，实现标准化成本目标的关键。加工过程中必须要做到手下无废料，变废为宝，物尽其用。例如"菜根香"，很多蔬菜汁也是利用边角余料榨制的。

3．分档取料控制

每一种原料的部位不同，决定了菜品的质量和档次的不同，所以，分档的好坏直接影响原料的成本。这个环节的成本控制，既要严格执行标准出成率，又要加强员工培训，提高员工的责任心。

4．切配控制

切配员切配技术不佳，或是工作态度不端正，都会增加边角料或切出一些不符合烹调要求的原料，使这些原料不得不降低档次使用。切配也直接关系到原料的成本问题，切配员必须要有娴熟的刀工技术，还要有对成本控制的高度自觉性。

5．烹饪环节控制

餐饮菜点的烹饪，一方面影响菜品质量，另一方面也与成本控制密切相关。烹饪环节对菜品成本的影响主要有以下两个方面。

（1）调味品的用量。从烹制一款菜品来看，所用的调味品较少，在成本中所占比重较低，但从餐饮菜点的总量来看，所耗用的调味品及其成本也是相当可观的，特别是油、盐、糖及味精等。所以在烹饪过程中，要严格执行调味品的成本规格，这不仅会使菜品质量较稳定，也可以使成本更为精确。

（2）菜品质量及其废品率。在烹饪过程中应提倡一锅一菜，专菜专做，并严格按照操作规程进行操作，掌握好烹饪时间及温度。

（二）制度成本控制法

1. 全员控制法

餐饮企业成本控制的目标，是靠全体员工的积极参与来实现的。这就要求管理者和员工都要提高成本控制意识，充分认识到成本控制与增加企业销售额同等重要，认识到菜点加工成本控制不仅关系到企业目前的利益，而且决定着企业能否长期稳定发展，而这种长期发展和员工及管理人员的切身利益息息相关。只有这样，全体员工才能积极主动地按成本控制的方法进行工作，从而提高企业的效益。

2. 成本控制责任制

将毛利率指标落实到厨房菜点生产的各个环节负责人身上，从制度上要求员工对成本控制负责，为降低成本精打细算，为节约开支严格把关。同时，交班要有书面记录。这样才能将责任落实到各个环节和个人。

3. 定期盘点

定期对厨房的剩余原料进行盘点，以确定一段时间内菜肴的销售量和合理剩余量。

4. 定期核对标准

将实际用量和标准用量进行比较，可以知道生产加工成本控制的效果。标准用量要根据标准菜谱来计算，即将某一个阶段某道菜品各种用料的数量除以该菜品的销售量，就是该菜品所用原料的标准用量。

5. 成本控制奖罚制度

建立菜点生产成本控制的奖罚制度，对成本控制不利的人员，根据责任大小给予一定的处罚，同时找出问题所在，解决问题；对成本控制做得好的，或是提出合理化建议的人员，应给予相应的奖励。

6. 管理软件

利用计算机系统来控制成本，不仅可以统计菜肴的销售量、厨房出库量和盘存量，还可根据标准菜谱自动进行对比分析，找出差距，发现成本控制点。

六、菜点制作后成本控制

（一）服务环节成本控制

1. 恰当服务

餐厅服务人员在服务过程中由于服务不恰当也会引起成本的增加，主要表现如下：

（1）服务人员在填写菜单时没有核实顾客所点菜品，以至上错菜。

（2）服务人员偷吃菜品而造成数量不足，引起顾客投诉。

（3）服务人员在传菜或上菜时打翻菜盘、汤盆等。

因此应对服务人员加强职业道德教育并进行经常性业务技术培训，使其端正服务态度，树立良好的服务意识，提高技能，并严格按照规程为顾客服务，不出或少出差错，尽量降低菜品成本。

2．准确填写菜单

点菜人员在填写菜单的过程中一定要注意以下几方面：

（1）在填写菜单时，对菜名的填写（如用手写）要求字迹工整、准确，自编系统代码要用大家习惯的代码。

（2）注明桌号（房间雅座）、菜名及菜的分量、规格大小，填写点菜时间和点菜员姓名及值台服务员姓名，如果是套菜，要在点菜单上注明桌数。

（3）标清楚计量单位。尤其对高档海鲜，计量单位是"两"还是"斤"，一定要向客人介绍清楚，避免在结账时出现差错。

（4）标清菜肴的规格，即大、中、小（例）盘，及份数。

（5）在点菜单上注明顾客的个性需求和忌讳的内容。

3．防止偷吃菜品

员工偷吃菜品，可以说是屡禁不止的现象，在许多餐饮企业都存在，可是员工偷吃不仅不卫生，更影响着餐饮企业的形象，因此必须杜绝这种现象。对此企业可以实行连环制，如发现一个员工偷吃，则告诉他：如果一个月内能逮住另一个偷吃的人，那偷吃的事情就算了；如果逮不住，这个月被偷吃菜品的所有费用全部由他来承担；还要继续这项"工作"三个月。这样就有可能防止员工偷吃。

4．防止传菜差错

传菜部是承接楼面与厨房、明档、出品部之间的一个重要环节，起到传菜、传递信息的作用，是餐饮企业不可缺少的环节，因此餐饮企业要做好对传菜人员的培训，从而控制成本。在实际操作过程中应注意以下几个方面：

（1）熟记餐厅包间号、台号，严格按照点菜单进行传菜，按上菜程序准确、迅速送到服务员手里。

（2）传菜过程中做到轻、快、稳，不与顾客争道，做到礼字当先、请字不断；做到六不端，即温度不够不端、卫生不够不端、数量不够不端、形状不够不端、颜色不对不端、配料不对不端，严把菜品质量关。

（3）餐前准备好调料、佐料及传菜工具，主动配合厨房做好出菜前准备。

（4）安全使用传菜间的物品工具，及时协助前台人员撤掉脏餐具、剩余菜点，做到分类摆放，注意轻拿轻放，避免破损。

（二）收款环节成本控制

1．防止跑单

（1）提前预防。餐厅里跑账的现象时有发生，这就要求餐饮企业特别留意以下五种情况，以便及时防止跑账、漏账事情的发生。

① 生客，特别是一个人就餐的顾客，比较容易趁工作繁忙时，借口上厕所、餐厅里手机信号不好、到门口接人等趁机不结账溜掉。

② 来了一桌人，但越吃人越少，也可能会有先撤离一部分，剩下一两个人借机脱身的打算。

③ 对坐在餐厅门口的顾客要多留心。

④ 对快要用餐完毕的顾客要多留心，哪怕是顾客需要结账，也要有所准备。

⑤ 对于不问价钱，哪样贵点哪样的顾客，一定要引起足够的重视。一般来说，即使是宴请重要的客人，也不可能全都点很贵的菜式，而且汤水和其他家常菜、冷盘也会占一定比例，这也是点菜的均衡艺术。况且宴请也会有一定的限额，不可能任意地胡吃海喝。

（2）发现顾客逐个离场。当发现顾客逐个离场时，要引起高度的重视，要做好以下工作：

① 需要服务其他顾客时，眼睛要不时注意可疑顾客的动态，及时向主管报告，请求主管抽调人手，派专人盯着剩余的人员。

② 如果这时顾客提出要上洗手间，要派同性的服务员护送、跟踪；如果顾客提出到餐厅外接电话，则请顾客先结账再出去。

③ 负责服务的人员和负责迎宾的服务员，要注意顾客的言行和动作，发现可疑情况立刻报告，并派专人进行服务，直至顾客结账。

④ 不要轻易相信顾客留下的东西，如果有心跑单，会故意将不值钱的包像宝贝一样抱住，目的就是吸引服务人员注意，然后将包故意放在显眼的位置上使其以为他还会回来，从而给他留有足够的离开时间。

（3）客人没有付账即离开餐厅。一旦发生客人没有付账即离开餐厅这种情况时，既不能让餐厅蒙受损失，又不能让客人丢面子而得罪了客人，因此需注意处理技巧。

① 马上追出去，并小声把情况说明，请客人补付餐费。

② 如客人与朋友在一起，应将客人请到一边，再将情况说明，这样可以使客人不至于在朋友面前丢面子并愿意配合。

2. 结账时确认客人的桌号

在为客人结账时，特别是包厢客人，服务员应陪同客人前往收银台或由服务员代为客人结账，否则很容易出现错误，比如弄错桌号、包间号或消费金额，给餐饮企业带来损失。

3. 采用单据控制资金收入

单据控制是餐饮企业有效控制资金收入的重要手段。单据控制最重要的是注意"单单相扣、环环相连"。餐饮企业的资金收入流程包括菜品、点菜单、结账三个方面（见图8-1）。

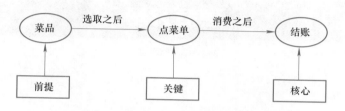

图8-1 菜品、点菜单、结账关系图

通过图8-1可以看到，首先是菜品被顾客选取，然后开出点菜单，最后是结账。在这三者中，菜品是前提，结账是核心，而点菜单是关键。因此，酒店要想管理和控制厨房菜点的结账，就须将菜品传递线、餐单传递线协调统一起来。

（三）有效监管收银人员

1. 现场巡视

（1）要经常在收银台周围巡查。

（2）经常检查废纸篓的作废小票，必须在规定时间内清理收银台遗留散货、杂物，确保机台无遗留有效商品条码、小票及其他单据等。

（3）对收银员在收银台放计算器、涂改液或商品条码的行为立即纠正。

（4）每天查看后台的相关报表。

（5）定期盘点营业款和备用金，并认真登记每次的盘点情况。

（6）监督收银员不得带私人钱钞进入收银工作区。

2. 备用金核查

（1）询问收银员备用金是否清点准确。

（2）每天有选择地对备用金进行核查，收银员应积极配合。

（3）应填写"备用金情况抽查表"，并由收银员签字确认。

（4）核查备用金发现异常情况时，应交由上级领导处理。

3. 收银机出现异常情况

收银机异常情况是指因网络故障或系统异常等原因，造成所有收银机不能正常收银，需要采用手工收银的情况，这时需对下述操作进行监察。

（1）收银员和抄写人员应在第一单交易和最后一单交易的收银单上注明收银员号、收银台号和每一笔交易的流水号，并在收银单上签名。

（2）收银机纸应整卷使用，不能拆散使用，如收银机纸因故被撕断，则需在断口的上半部分和下半部分处补签名，注明收银台号、流水号。

（3）手工收银单第一联给顾客作为消费凭证，第二联留存供查账及补录。

（4）如顾客使用银行卡付款，收银员应在手工收银单上注明卡号及发卡银行。

（四）制定收银制度

制定收银员工作管理制度，可以有效防止收银中出现问题。

课后习题

一、名词解释

1. 原料成本

2. 经营成本

3. 人工成本

4. 毛料

5. 净料

6. 成本率

7. 直接成本

8. 固定成本

9. 不可控制成本

二、填空题

1. 厨房菜点_____是厨房管理的重要组成部分，是提高竞争力的重要手段，是一门高超的管理艺术。

2. _____是指生产单位菜点而平均耗费的成本。

3. 成本核算的过程既是对菜点生产耗费的反映，又是对主要费用支出的控制过程，它是整个成本管理工作的_____环节。

4. 由于厨房菜点的特殊性，其经营特点是_____、_____、_____一体化，所以菜点价格的构成应当包括菜点从采购到消费各个环节的全部费用。

5. _____是指以菜点成本为基数，按确定的成本毛利率加成计算出销售价的方法。

6. 切配也直接关系到原料的成本问题，员工必须要有娴熟的刀工技术，还要有对成本控制的高度_____。

7. _____、_____、_____三方验收对酒店的管理非常有效，尤其是在防止以次充好、偷工减料方面效果显著。

三、选择题

1. 原料成本包括（　　）三个部分。

　　A. 主料　　　　　B. 配料　　　　　C. 调料　　　　　D. 能耗

2. 不属于变动成本的是（　　）。

　　A. 食品原料　　　B. 洗涤费　　　　C. 餐巾纸费　　　D. 房租

3. 不属于人事费用的是（　　）。

　　A. 薪资　　　　　B. 奖金　　　　　C. 食宿　　　　　D. 税金

4. 以恰当的成本，生产出顾客最为满意的菜点，是厨房菜点成本控制的（　　）。

　　A. 宗旨　　　　　B. 出发点　　　　C. 核心　　　　　D. 基础

5. 餐饮企业的资金收入流程包括菜品、点菜单、结账三个方面，其中结账是（　　）。

　　A. 前提　　　　　B. 关键　　　　　C. 核心　　　　　D. 重点

四、判断题

1. 总成本是指企业在一定时期内（财务、经济评价中按年计算）为生产和销售所有菜点而产生的全部费用。　　　　　　　　　　　　　　　　　　　　　　　　　　（　　）

2. 厨房菜点的成本是核算价格的基础，成本核算的正确与否，与菜肴定价没有关系。
　　　　　　　　　　　　　　　　　　　　　　　　　　　　　　　　　　　　（　　）

3. 成本核算为厨房各个工序操作的投料数量提供了一个标准，但并不能保证菜肴的分量稳定。　　　　　　　　　　　　　　　　　　　　　　　　　　　　　　　　　（　　）

4．影响餐饮菜点定价的因素一般可分为两大类，即内部因素与外部因素。

（　　）

5．餐饮企业成本控制的目标，是靠管理人员个人来实现的。　　　　（　　）

6．标准食谱卡既是培训、生产制作的依据，又是检查考核的标准，其质量要求更应明确、具体才切实可行。　　　　　　　　　　　　　　　　　　　　　　　　（　　）

7．标准食谱卡根据餐饮企业管理特点的不同，呈现多种多样的形式。　　（　　）

五、简答题

1．菜点成本核算的任务有哪些？

2．现代厨房菜点核算的要求有哪些？

3．菜点成本核算的基本步骤是什么？

4．现代厨房成本控制的措施有哪些？

5．菜点销售环节成本控制的要点有哪些？

模块九
食品安全与厨房安全管理

学习目标

知识目标：

▶ 1. 了解与厨房生产相关的法律法规。
2. 了解《食品安全法》的相关内容。
3. 熟悉厨房生产环境卫生要求。
4. 理解食品安全管理相关条款。
5. 掌握食物中毒事件的处理程序。

能力目标：

▶ 1. 遇到食物中毒事件能较好地进行处理。
2. 能对原料到成品、成品存放、菜肴销售等环节进行卫生管理。
3. 能对厨房常见事故进行合理处理。

　　食品安全与厨房安全是厨房管理中的重要环节。食品安全管理是保证生产的产品质量符合无害、无毒、卫生的要求，防止食品受污染，预防疾病发生的重要手段；厨房安全是保证厨房生产正常进行的前提，安全管理不仅是保证餐饮企业正常经营的需要，同时也是维持厨房正常工作秩序和节省额外费用的重要措施。食品安全与厨房安全管理对提高厨房管理人员的素质和管理水平具有重大的意义。

单元一　食品安全与管理

一、《食品安全法》相关条款

（一）《食品安全法》概要

《中华人民共和国食品安全法》（以下简称《食品安全法》）是建立食品安全制度、保障人民身体健康的基本法。所有食品生产经营企业、食品卫生监督管理部门和广大人民群众都应深刻认识并遵照执行。餐饮企业的从业员工更应自觉以该法为准绳，遵循各项管理制度，督导烹饪生产活动，切实维护企业形象和消费者利益。

《食品安全法》由全国人民代表大会常务委员会于 2009 年 2 月 28 日发布，自 2009 年 6 月 1 日起施行，于 2015 年 4 月修订，于 2018 年 12 月修正。现行《食品安全法》全文共十章一百五十四条，被称为"史上最严"《食品安全法》，对法律制定目的、适用范围、食品安全、监督管理、法律责任等都做了明确的规定，重要的有以下几个方面。

（1）国家实行食品安全监督制度，并对监督的内容和监督体制做了规定。

（2）在中华人民共和国境内从事下列活动，应当遵守《食品安全法》。

① 食品生产和加工（以下称食品生产），食品销售和餐饮服务（以下称食品经营）。

② 食品添加剂的生产经营。

③ 用于食品的包装材料、容器、洗涤剂、消毒剂和用于食品生产经营的工具、设备（以下称食品相关产品）的生产经营。

④ 食品生产经营者使用食品添加剂、食品相关产品。

⑤ 食品的贮存和运输。

⑥ 对食品、食品添加剂、食品相关产品的安全管理。

（3）违法者（含食品卫生监督人员违法）将受到处罚，直至追究刑事责任。

（二）《食品安全法》中与厨房菜点生产有关的主要条款

1. 第三十三条

食品生产经营应当符合食品安全标准，共十一款。

2. 第三十四条

禁止生产经营的食品、食品添加剂、食品相关产品，共十三款。

3. 第三十五条

国家对食品生产经营实行许可制度。从事食品生产、食品销售、餐饮服务，应当依法取得许可。但法律另有规定者除外。

4. 第四十四条

食品生产经营企业应当建立健全食品安全管理制度，对职工进行食品安全知识培训，加强食品检验工作，依法从事生产经营活动。食品生产经营企业的主要负责人应当落实企业食品安全管理制度，对本企业的食品安全工作全面负责。

5. 第四十五条

食品生产经营者应当建立并执行从业人员健康管理制度。患有国务院卫生行政部门规定的有碍食品安全疾病的人员，不得从事接触直接入口食品的工作。从事接触直接入口食品工作的食品生产经营人员应当每年进行健康检查，取得健康证明后方可上岗工作。

6. 第五十五条

餐饮服务提供者应当制定并实施原料控制要求，不得采购不符合食品安全标准的食品原料。倡导餐饮服务提供者公开加工过程，公示食品原料及其来源等信息。

7. 第五十六条

餐饮服务提供者应当定期维护食品加工、贮存、陈列等设施、设备；定期清洗、校验保温设施及冷藏、冷冻设施。餐饮服务提供者应当按照要求对餐具、饮具进行清洗消毒，不得使用未经清洗消毒的餐具、饮具。

二、食品安全管理常见体系

1. HACCP 管理方法

HACCP 是英文 Hazard Analysis and Critical Control Points 的缩写，翻译为"危险分析和关键点控制方法"或"危险分析和关键控制点"。HACCP 的基本含义是为防止食物中毒或其他食源性疾病的发生，对食品生产加工过程中造成食品污染发生或发展的各种危险因素进行系统和全面的分析；在此基础上，确定能有效地预防、减轻或消除各种危险的关键控制点，并在关键控制点上对危害因素进行控制，同时监测控制效果并进行校正和补充。它的出现，使人们对食品卫生质量的关注从最终产品转向了整个生产过程。图 9-1 为 HACCP 体系认证证书。

2. GMP 规范

GMP 是英文 Good Manufacture Practice 的缩写，翻译为"食品良好生产工艺"，是为保障食品安全、质量而制定的贯穿食品生产全过程的一系列措施、方法和技术要求。GMP 可分为三种类型：①政府颁布的 GMP，我国在药品和保健食品方面已由政府颁布了 GMP；②行业 GMP；③企业 GMP。实施 GMP 对于确保食品质量和安全、提高我国食品的国际竞争力有重要意义，我国大型食品生产企业和大型餐饮连锁企业已引入 GMP 规范。

图 9-1　某食品企业 HACCP 管理体系认证

三、厨房生产环境卫生管理

1．环境卫生标准

（1）厨房选址远离污染场所，要选在采光、通风、排烟和防潮较好的地方。

（2）厨房要有消灭苍蝇、老鼠、蟑螂和其他有害昆虫及其滋生条件的防护措施。

（3）厨房内的墙壁、地面、下水道要贴瓷砖，厨房用具应为不锈钢设备，天花板用阻燃材料吊顶。

（4）厨房平面布局应按工艺流程形成流水线，避免交叉污染。

（5）洗手池水龙头数应相当于上班总人数的 1/4，且采用脚蹬式开关龙头，设立员工洗手消毒池。

（6）厨房地面应有足够的排水沟，以免地面积水，排水沟上应加漏网盖，以免渣滓进入排水沟；排污管接入城市污水管道以前，应通过滤油池（或其他漏油装置）将污水滤油后才能排入城市污水系统。

（7）厨房周边的卫生由专人负责，随时保持清洁。

2. 废弃物处理

（1）分类处理。液体废弃物与固体废弃物、有机废弃物与无机废弃物等分开放置。

（2）垃圾桶加盖。垃圾桶一定要配备盖子，桶内置放塑料袋，定时把袋装的垃圾取走，并及时对垃圾桶进行清洗消毒处理。

（3）清洗垃圾桶周围。废弃物清理后，垃圾桶周围也要进行清洗，用消毒液进行消毒处理，以保持清洁无菌。

3. 厨房设备卫生

餐厅和厨房常用设备有炒灶、油炸锅、炒锅、蒸锅（笼）、搅拌机、烤箱、洗碗机、微波炉、电磁炉、绞肉机、切片机、冰箱、操作台等。这些设备应符合以下卫生要求：

（1）所用材料应无毒无害，与食品接触无溶出现象。

（2）每天（或每次使用后）定期去除油污、清洗、擦干。

（3）操作台一般用不锈钢或大理石做台面，但大理石放射性应符合国家标准。

（4）加工中生熟分开，避免交叉污染。

4. 厨房用具卫生

厨房里的烹饪用具种类繁多，用途不一，主要有灶台用具、砧板用具以及划菜台的其他用具。灶台用具如调料盆罐、手勺、锅铲、漏网、漏勺等，砧板用具如木墩、各种刀具、配菜盘等。这些用具在每次使用结束后都要进行洗净与消毒处理。

四、厨房员工个人卫生管理

1.《食品安全法》相关规定

从业人员应按《食品安全法》的规定，每年至少进行一次健康检查，必要时接受临时检查。新参加或临时参加工作的人员，应经健康检查，取得健康合格证明（见图9-2）后方可参加工作。凡患有痢疾、伤寒、病毒性肝炎等消化道传染病（包括病原携带者），活动性肺结核，化脓性或者渗出性皮肤病以及其他有碍食品卫生疾病的，不得从事接触直接入口食品的工作。

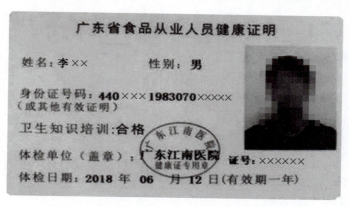

图9-2　广东省食品从业人员健康证明（样例）

2．行业有关规定

（1）应保持良好的个人卫生，操作时应穿戴清洁的工作服、工作帽，头发不得外露，不得留长指甲、涂指甲油、佩戴饰物。

（2）接触直接入口食品的操作人员在开始工作前、处理食物前、上厕所后、处理生的食物后、处理弄污的设备或饮食用具后、打喷嚏或擤鼻子后、处理动物或废物后、从事任何可能会污染双手活动（如处理货物、执行清洁任务）后应洗手。

（3）专间操作人员进入专间时应再次更换专间内专用工作衣帽、围裙并佩戴口罩，操作前双手严格进行清洗消毒，操作中应适时地消毒双手。不得穿戴专间工作衣帽从事与专间内操作无关的工作。

（4）个人衣物及私人物品不得带入食品处理区。

（5）食品处理区内不得有抽烟、饮食及其他可能污染食品的行为。

（6）进入食品处理区的非加工操作人员，应符合现场操作人员卫生要求。

五、食品容器和包装材料及餐具卫生管理

1．食品容器和包装材料卫生

容器和包装材料的品种很多，主要有竹木制品、玻璃、陶瓷、搪瓷、塑料、包装纸等，传统的竹木、玻璃等一般对人无害。塑料容器和包装材料应是食品级聚乙烯、聚丙烯、聚苯乙烯、聚氯乙烯等，且是符合卫生要求的。陶瓷、搪瓷、不锈钢、铝制品中的铁、铜、金属箔、铅、锌等含量应符合国家卫生标准；不提倡用铜作为容器和炊具。

2．餐具洗涤和消毒

餐具每次使用后必须消毒，以预防传染病；洗涤和消毒实行"四过关"，即一洗、二刷、三冲、四消毒；常用的消毒方法为煮沸消毒、蒸汽消毒、消毒剂消毒；常用消毒剂为 0.1% ～ 0.2% 漂白粉、0.02% 新洁尔灭、0.1% 高锰酸钾、0.2% 过氧乙酸。

六、原料到成品、成品存放、菜肴销售环节的卫生管理

1．原料到成品环节的卫生管理

原料到成品环节的卫生管理实行"四不"原则。

（1）采购员不购买腐败变质的原料。

（2）保管员、验收员不接受腐败变质的原料。

（3）厨房员工不加工腐败变质的原料。

（4）营业员不销售腐败变质的食品。

2．成品存放环节的卫生管理

成品存放环节的卫生管理实行"四隔离"原则。

（1）生料与熟料要隔离存放。

（2）成熟品与半成熟品要隔离存放。

（3）食品与杂物要隔离存放。

（4）成品与天然冰要隔离存放。

3. 菜肴销售环节的卫生管理

菜肴销售环节的卫生管理实行"三不"原则。

（1）销售人员坚决不出售卫生状况不明的食品。

（2）销售人员不能用手接触食品。

（3）不用不符合卫生要求的包装袋、包装盒为客人打包。

七、预防食物中毒与中毒处理

（一）预防食物中毒

食物中毒者最常见的症状是剧烈的呕吐、腹泻，同时伴有中上腹部疼痛。食物中毒者常会因上吐下泻而出现脱水症状，如口干、眼窝下陷、皮肤弹性消失、肢体冰凉、脉搏细弱、血压降低等，最后可致休克。

1. 防止细菌性食物中毒

（1）防止食品被细菌污染。禁止使用病死禽畜肉或其他变质肉类。食品加工、销售部门及食品饮食行业、集体食堂的操作人员应当严格遵守食品卫生法律法规，严格遵守操作规程，做到生熟分开，特别是制作冷荤熟肉时更应该严格注意。从业人员应该进行健康检查合格后方能上岗，如发现肠道传染病及带菌者应及时调离。

（2）控制细菌繁殖。主要措施是冷藏、冷冻。温度控制在 2 ~ 8℃，可抑制大部分细菌的繁殖。熟食品在冷藏中做到避光、断氧、不被重复污染，其冷藏效果更好。

（3）高温杀菌。食品在食用前进行高温杀菌是一种可靠的方法，其效果与温度高低、加热时间、细菌种类、污染量及被加工的食品性状等因素有关，需视具体情况而定。

2. 防止化学性食物中毒

（1）从可靠供应单位采购原料。

（2）化学品要远离食品及原料处安全存放，并由专人保管。

（3）不使用有毒物质的加工和生产器具、容器、包装材料。

（4）厨房要谨慎使用化学杀虫剂，并派专人负责。

（5）厨房清洁工作中，化学清洁剂的使用必须远离食品。

（6）各种水果、蔬菜要洗涤干净，以进一步消除杀虫剂残留。

（7）食品添加剂的使用，应严格遵守国家规定的品种、用量及使用范围。

3. 防止有毒食物中毒

（1）可疑的菌类不要在厨房里使用。

（2）白果食用前要加热成熟，少食，切不可生食。

（3）马铃薯发芽或发青部位含有龙葵素，是一种有毒的糖苷生物碱，不可食用。

（4）死甲鱼、死河蟹、死贝类不能食用。

（5）鲜黄花菜含有秋水仙碱，要煮熟后才能食用。

（6）四季豆煮熟后毒素才能分解，否则不能食用。

（7）应注意对未使用过的原材料进行专家咨询，在保证安全的情况下才能够使用。

（二）食物中毒事件处理

1．及时报告

发生食物中毒或者疑似食物中毒事故的单位和接收食物中毒或者疑似食物中毒病人进行治疗的单位应及时向所在地人民政府卫生行政部门报告发生食物中毒事故的单位、地址、时间、中毒人数、可疑食品等有关内容。报告具体应包括以下内容：

（1）发生中毒的地址、单位和时间。

（2）中毒人数、危重人数、死亡人数及主要中毒表现。

（3）可能引起中毒的食物。

（4）中毒发展的趋势及已经采取的措施和需要协助解决的问题等。

2．协助调查

食品安全监督机构调查人员到达中毒现场进行调查时，餐厅经理及有关人员要积极协助调查，如实反映与本次食物中毒有关的情况，对调查人员提出的问题应做出详细的实事求是的回答，以达到以下目的：

（1）确定是否食物中毒，明确是哪种食物中毒。

（2）为中毒病人的治疗提供可靠的依据，并对已经采取的急救措施给予补充和纠正。

（3）查明食物中毒发生的原因，以便控制其继续发展并提出今后预防食物中毒的措施。

3．发生食物中毒或疑似食物中毒时餐厅应采取的措施

（1）立即停止生产经营活动，禁止继续出售可疑食品，并向所在地人民政府卫生行政部门报告。

（2）协助卫生机构救治病人，尽量减少中毒所造成的危害。

（3）保留造成食物中毒或者可能造成食物中毒的食品及其原料、工具、设备和现场，以备采样检验和卫生学调查，查找中毒原因。

（4）配合卫生行政部门进行调查，按卫生行政部门的要求，如实提供有关材料和样品。

（5）落实卫生行政部门要求采取的其他措施。

单元二　厨房安全与管理

厨房安全是指厨房在进行产品生产的过程中，没有发生任何危害员工和顾客人身安全的事故，厨房人员和顾客的人身安全及食品安全能够得到有效保障。厨房安全事故一般都是由相关人员粗心大意而造成的，具有不可估计和不可预料的特点。厨房安全事故的危险性很大，轻则影响正常营业，重则危害员工和顾客的人身安全，造成企业经济损失，社会影响大，严重的还会危害企业的生存甚至导致破产倒闭。

一、厨房安全管理的任务与意义

（一）厨房安全管理的任务

厨房安全管理的任务是建立起厨房安全监督和检查机制。

（1）通过经常的、细致的检查监督，促使员工们养成安全操作的习惯，确保厨房设备和设施的正常运行，以免发生事故。

（2）通过经常的、细致的检查，维护厨房环境干爽整洁，设施、设备完好，操作规范，增强员工责任心，杜绝事故的发生。

（二）厨房安全管理的意义

1. 厨房安全是保障菜点有序制作的前提

厨房生产需要安全的工作环境和条件，厨房里有多种加热源和锋利的器具，构成众多的不安全因素和隐患，要使厨房员工放心工作，厨房在设计时就要充分考虑安全因素，如地面的选材、烟罩的防火、蒸汽的方便控制和及时抽排。此外，日常的厨房管理、员工劳动保护都应以安全为基本前提。否则，若总是突发厨房事故，设备时好时坏，员工担惊受怕，厨房正常的工作秩序、厨房良好的出品质量都将成为空话。

2. 厨房安全是企业实现良好效益的保证

餐饮企业良好的效益建立在厨房良好、有序生产的基础之上。倘若厨房安全管理不利，事故频频发生，媒体、员工的反面宣传不断，客人不敢光顾，餐饮企业生意自然清淡。除此之外，若内部屡屡发生刀伤、跌伤、烫伤等事故，员工的医疗费用增加，病假、缺工现象增多，在企业运营成本增大的同时，厨房的生产效率和工作质量更没有保障，企业效益必然受损。一旦有火灾事故发生，企业社会名誉和经济上的损失更是不可估量。

3. 厨房安全是保护厨房员工人身安全的根本

厨房员工是菜点制作最基本的生产力，是最有活力、最有开发价值的生产要素。因此，关心厨房员工，发现并认可厨房员工的劳动，改善厨房员工的工作环境和条件是厨房管理人员首先应做好的工作。厨房安全没有着落，出现厨房漏气、厨房器具"带病作业"、厨房地面湿滑、厨房员工操作环境拥挤等问题，会使厨房员工觉得安全没有保障，生产必定受到影响。

二、安全管理责任与检查

（一）厨房安全管理责任

1. 厨房每一个员工必须认清安全生产对于自身利益的重要性

严禁在工作场所内打闹、奔跑；使用机械设备时必须按照标准的操作指南进行，严禁违规操作；厨房的刀具必须小心使用和保管，做到定点存放和用后放回原处；厨房范围内严禁堆放杂物；过热的液体严禁存放于高处；严禁往高温的油中倒水；严禁身份不明的人员进入厨房，以免发生意外事故；在定期杀虫时要注意食品的安全保护，以免发生意外事故；使用天然气时必须先检查气阀开关，然后开始点火以确保安全，必须做到火不离人，人离关火；下班时必须关闭火炉的开关并每天进行签名确认关闭气阀。

2．要严格执行厨房的消防安全制度

所有的消防通道不能摆放任何障碍物；严禁在厨房抽烟或在厨房运作时进行电焊工作；要定期清理运水烟罩上的油污和积垢；严禁用火时人员离岗；严禁违反厨房使用工具的安全操作守则进行生产工作；严禁强行使用未修复好的炉具或工具；对所有的用电设备要定期进行检修和保养；定期检查和保养消防所用的工具，对使用过的灭火设备必须报告保安部对其进行更换或补充；积极参加安全消防知识培训及加强消防意识安全教育。

（二）厨房安全管理检查制度

（1）组织厨房安全管理小组，由经理任组长，各部门主管任组员，督导厨房员工。

（2）定期检查所有的用电设备、线路、插座等以及用电工具是否老化或不能运作，要求工程部定期进行检修及保养。

（3）下班时各班员工必须严格执行酒店规定的下班检查制度。天然气阀门必须要确保全部关闭，所有的用电设备不用时应确保处于断电状态。

（4）定期检查厨房的运水烟罩并定期、及时清理里面的油污和积垢。

（5）定期检查所有的炉具，发现有损坏的要及时维修以免发生不必要的事故。

（6）厨房人员在使用各种厨房机械用具时必须注意安全操作，严格按有关机械安全标准操作守则进行操作。

（7）定时、定期清理下水沟并注意是否有损坏。

三、厨房安全管理措施

1．保持工作区及设备的完好

餐饮企业应保持工作区域的环境平整干爽，保证设备处于最佳运行状态。对各种厨房设备采用定部门、定班组、定人员、定岗位的管理办法，保证工作程序的规范化、科学化。

2．加强对员工的教育培训

餐饮企业应加强对厨房全体员工的安全教育培训，使其掌握安全防范知识，杜绝麻痹思想，强化安全意识；未经培训、不懂操作的员工不得上岗操作。

3．加强安全管理宣传工作

加强厨房安全管理宣传工作，让厨房的管理者和生产人员都能增强安全意识，遵守安全法规，遵守安全操作规程，人人都主动承担起维护厨房安全的义务。

4．建立健全安全制度

厨房要建立健全安全制度，使各项安全措施制度化、程序化，特别是要建立防火、防毒、防盗的安全制度，做到有章可循，分工负责，责任到人，分片包干，并且要与奖惩挂钩。

四、厨房常见事故及预防

1. 割伤、砍伤事故预防

割伤、砍伤主要是在厨房菜点原料初加工、切配以及冷菜间半成品刀工处理过程中使用刀具不当、不正确和粗心大意造成的。预防割伤、砍伤事故的措施有以下几点：

（1）在使用刀具时，注意力要集中，方法要正确。

（2）锋利的工具不使用时，应随手放在餐具架上或专用的抽屉内。

（3）保持刀刃的锋利。

（4）不拿刀具打闹，放稳刀具。

（5）玻璃餐具破碎后用扫帚和簸箕清扫干净，不能用手捡。

（6）谨慎使用食品研磨机，使用绞肉机时必须使用专门的填料器。

（7）电动设备要按要求操作，断电后再清洗。

2. 扭伤、跌伤和撞伤事故预防

厨房地面积水、油腻、不平、湿滑，以及搬运货物时，容易摔跤，造成扭伤、跌伤。如果通道不宽敞，人流、物流安排不合理，则容易造成来往人员撞伤。预防扭伤、跌伤和撞伤的措施有以下几点：

（1）举起物品前要抓紧，举起时背部要挺直，膝盖弯曲并用腿部发力。

（2）举过重的物品时必须请人帮忙，切不可勉强或逞能。

（3）随时清除地面上的盘子、抹布、拖把等杂物，若发现地砖松动或翻起，应立即重新铺整调换。

（4）穿鞋底不滑的合脚鞋子，不穿薄底、已磨损的鞋，或是高跟鞋、拖鞋、凉鞋等，要穿脚跟和脚底不外露的鞋。

（5）行走线路明确，尽量避免交叉行走。

3. 烧伤、烫伤事故预防

厨师在厨房生产工作中接触火、烤炉、热油、沸汤、热设备的机会较多，稍有不慎就可能发生烧伤、烫伤事故。预防烧伤、烫伤的措施有以下几点：

（1）在热炉、热灶、热油之面留出足够的空间，避免因拥挤烧伤、烫伤。

（2）在开热油锅、端送沸汤时，要专心细致，注意不要让热油膨锅，沸汤满溢。

（3）使用任何烹调设备或点燃煤气设施时，必须按照产品的说明书进行操作。

（4）从炉灶或烘箱上取下热锅前，必须事先准备好移放的位置。

（5）不要使用把手柄松动、容易折断的锅。

（6）清洗厨房设备时，要先进行冷却。

（7）从蒸笼内取出食品时，应先降温，再用器具或干毛巾隔热以便端出端送，避免被蒸汽灼伤。

4. 触电伤亡事故预防

厨房内触电伤亡主要是由于一些设备、设施的电线安装不合理，设施、设备日久老化造成漏电或者缺少用电安全知识或违反安全操作规程引起的。预防触电伤亡的措施有以下几点：

（1）对员工进行用电安全知识培训，员工必须熟悉设备，学会正确拆卸、组装和使用各种电气设备的方法。

（2）对电动设备安装隔电板。

（3）所有的电气设备都必须有安全的接地线。

（4）应有专职检测各种电气设备线路和开关的电工，在正常情况下开展预防性保养。

（5）湿手或站在湿地上，切勿接触金属插座和电气设备。

（6）未经许可，不得任意加粗保险丝，电路不得超负荷。

5．咬伤、夹伤事故预防

厨房生产中，在加工螃蟹等食材时，稍有不慎或方法不当，就会出现咬伤、夹伤事故。因此在处理此类食材时应采用安全、科学的方法。

6．盗窃、丢失物品事故预防

房屋是盗窃的主要目标，厨房里有烹饪原料和成品，还有贵重的餐具、炊具和用具。要防止盗窃，不使物品丢失，就要加强安全防范。预防盗窃、丢失物品的措施有以下几点：

（1）平时注意宣传防盗事项，增强防盗意识。

（2）相互监督，搞好内部管理。

（3）对饲养的鱼类或活禽，应加强安全管理，防止被盗。

（4）加强保卫，防止小偷盗窃。

7．火灾事故预防

厨房发生火灾的原因有如下几个方面：

（1）电线短路引起火灾。

（2）液化气泄漏引起火灾。

（3）电器过热冒火花引起火灾。

（4）油锅过热引起火灾。

（5）人为引起火灾。

预防火灾的措施有以下几点：

（1）厨房各种电器设备的安装使用必须符合防火安全要求，严禁超负荷使用，各种电器设备绝缘要好，接点要牢固，并有合格的保险设备。

（2）厨房在炼油、炸制食品和烘烤食品时，必须设专人负责看管。炼、炸、烘烤的油锅或烤箱温度不得过高；油锅不得过满，严防油溢出引起火灾。

（3）不得往炉灶、烤箱的火眼内倾倒各种杂质、废物，以防堵塞火眼，发生事故。

（4）各种灭火器材、消防设施不得擅自动用。

（5）能熟练使用各种灭火器材、火灾报警器，并了解其性能、作用。

（6）员工进入厨房，应首先检查灶具是否有漏气情况，如发现漏气，不准开启电器开关。

（7）点火时，必须执行"火等气"的原则，千万不可"气等火"。

（8）灶具每次使用完毕，要立即将供气开关关闭。

（9）下班前关闭所有电灯、排气扇、电烤箱等电器设备，并锁好所有门窗，检查无误后，方可离开。

课后习题

一、名词解释

1. 《食品安全法》
2. GMP
3. HACCP
4. 厨房安全

二、填空题

1. 食品安全与厨房安全是厨房管理中的_____环节。

2. 食品在食用前进行_____是一种可靠的方法。

3. 厨房安全事故一般都是由相关人员_____而造成的，具有不可估计和不可预料的特点。

4. 厨房安全管理的任务是建立起厨房安全_____和_____机制。

5. 厨房员工是菜点制作最基本的_____，是最有活力、最有开发价值的生产要素。

6. 厨房在炼油、炸制食品和烘烤食品时，必须设_____负责看管。

三、选择题

1. （　　）是保证生产的产品质量符合无害、无毒、卫生的要求，防止食品受污染，预防疾病发生的重要手段。

    A. 食品安全管理   B. 成本管理

    C. 人事管理   D. 初加工管理

2. （　　）最常见的症状是剧烈的呕吐、腹泻，同时伴有中上腹部疼痛。

    A. 食物中毒   B. 感冒   C. 发烧   D. 胃寒

3. 温度控制在（　　）℃，可抑制大部分细菌的繁殖。

    A. 20～26   B. 14～20   C. 8～14   D. 2～8

4. 平时的厨房管理、员工劳动保护都应以（　　）为基本前提。

    A. 低成本   B. 整洁   C. 漂亮   D. 安全

5. 举起物品前要抓紧，举起时背部要（　　）。

    A. 前弯   B. 后倾   C. 左旋   D. 挺直

四、判断题

1. 厨房菜点生产能否有效的运行，出品的各类菜点是否优质美味，并非取决于厨房管理人员业务水平和管理能力的高低。 （　　）

2. 所有食品生产经营企业、食品卫生监督管理部门和广大人民群众都应深刻认识并遵照执行《食品安全法》相关规定。 （　　）

3．洗涤和消毒实行"四过关"，即一洗、二刷、三冲、四消毒。　　　　（　　）

4．厨房安全事故的危险性并不会很大。　　　　　　　　　　　　　（　　）

5．厨房范围内可以适当堆放杂物。　　　　　　　　　　　　　　　（　　）

6．玻璃餐具破碎后用扫帚和簸箕清扫，也可以直接用手捡。　　　　（　　）

五、简答题

1．厨房废弃物的处理方法包括哪些？

2．厨房安全管理有怎样的意义？

3．GMP 包括哪三种类型？

4．厨房安全管理管理的措施有哪些？

模块十
厨房"8S"与"6T"管理法

学习目标

知识目标：

▶ 1. 了解现代厨房工作规范管理的重要性。
2. 熟悉现代厨房"8S"管理法和"6T"管理法的内容。
3. 掌握实施"8S"管理法应遵循的四个原则。
4. 掌握实施现代厨房"6T"管理法的三个阶段。

能力目标：

▶ 1. 能设计制作现代厨房工作规范管理过程所需要的标签。
2. 能根据实施"6T"管理法的现场环境制订方案。
3. 能根据实施"8S"管理法应遵循的四个原则，具体实施管理。

　　厨房管理从经验型向规范型转变的标志是"5S"等现代管理制度的引进、应用和推广。"5S"现场管理法的引进，让许多餐饮企业眼前一亮。这种办法解决了餐饮企业最头疼的现场管理问题，使杂乱无章的厨房变得井然有序，有效降低了物料的消耗，提高了工作效率，提升了员工素质，让各种管理制度真正落实到人，落实到岗。为了让这项管理方法能够更好地与中国餐饮企业的实际紧密结合，各地在工作中不断改进，形成了"6T""8S"等多种衍生管理法，并使之不断充实、完善，成为厨房管理最实用、最有效的工作制度和规范。

单元一　现代厨房"8S"管理法

"8S"管理法是指为企业建立和维系良好工作环境、不断提升企业的品质和持续改进管理文化的管理方法。"8S"不但适用于餐饮企业，而且适用于其他类型的企业。目前，"8S"管理法在餐饮企业中得到了广泛应用。

一、"8S"管理法的衍生来源

"5S"是整理（Seiri）、整顿（Seiton）、清扫（Seiso）、维护（Seiketsu）和素养（Shitsuke）这5个词的缩写。"5S"起源于日本，是指在生产现场对人员、机器、材料、方法等生产要素进行有效管理。

"8S"管理法就是在5S的基础上，结合现代企业管理的需求，增加了学习（Study）、安全（Safety）和节约（Save）三个项目。因其均以"S"开头，简称为"8S"。

"8S"管理法的目的是使企业在现场管理的基础上，通过创建学习型组织不断提升企业文化的素养，消除安全隐患、节约成本和时间，使企业在激烈的竞争中立于不败之地。

二、"8S"管理法的科学内涵

（一）1S——整理

1. 含义

整理是指对身边的物品进行清理，舍弃不用或不能用的物品，使身边的物品都是必要的。图10-1和图10-2为整理后的工作区域。

图 10-1　整理后的工作区域 1

图 10-2　整理后的工作区域 2

2. 目的

（1）将"空间"腾出活用。

（2）防止误用、误送。

（3）打造清爽整洁的工作场所。

3. 实施要领

对自己的工作场所进行全面检查，检查范围包括储物间、储物柜、置物架、文件、资料、原料、产品、工具、设备、门面、墙面、广告栏等。制定存弃规则是整理的关键，以下是一些实用的存弃规则。

（1）分层管理。分层管理要求先判断物品的重要性，以便再减少不必要的积压物品。同时，分层管理还可确保必要的物品就在手头，从而可以实现较高的工作效率。良好的分层管理的关键就是有能力判断物品的使用效率并确保把必要的物品放在恰当的地方。确定哪些物品你确实不需要并将之放在远处，与确定哪些物品你确实需要并将之放在身边是同等重要的。

（2）区别需要与想要。分层工作完成后，剩下来的工作就是决定怎样处理那些一年使用不超过一次的物品，继续保存还是扔掉？如果您想继续保存，请先思考它是否属于必要物品。

现实中，人们主观上总是想要收集物品，许多人混淆了客观上的"需要"与主观上的"想要"的概念。他们从一开始就在犯错，在保存物品方面总是采取一种保守的态度，即"以防万一"。但管理者做出决定是很关键的，要确定哪些物品是必需的。非必需的物品就应扔掉；必需的物品就应弄清需要的数量，而把其余的物品扔掉；如果是借来的物品，就应该物归原主。

正确的价值意识是"使用价值"，而不是"原购买价值"，有些物品可能买时很贵，但现实中却用不着，可还是有不少人认为它很有价值，一直放着"占地方"。要有决心，不必要的物品应断然地加以处置。

（3）单一便是最好。该原则的例子包括以下几个：

① 一天的工作计划表和工作排序。

② 一套工具、文具和一页表格。

③ 一小时会议（发言简短）。

④ 一站式顾客服务。

⑤ 物料或文件集中存放（包括计算机服务器内的档案）。

⑥ 一个人只有"一个上司"。

（4）制订废弃物处理方法。50 元以内的单件或一组物品，由经理签名后可以处理。50 ~ 500 元内的，由总经理签名可以处理，然后记录好并报上司。500 元以上的，报董事长批准后再及时处理。

（5）调查所需物品的使用频度。决定所需物品的日常用量及放置位置，比如，一把钳子一个月才用一次，相对于每天用一次的物品，应放远一点。

（6）从易到难，逐步整理有时不能一次整理完全部物品，那就分次整理。从易到难是一个很好的方法。

（7）从根源着手。源头治理是根本。应及时舍弃无用的物品，定期整理、清扫。

（8）每日自我检查。检查自己的工作岗位，将不需要的物品及时处理好。

（二）2S——整顿

1. 含义

整顿是指对整理之后留在现场的必要物品进行分门别类的放置，要定位、摆放整齐，明确数量，明确标示。

2．目的

（1）使工作场所一目了然。

（2）营造整洁的工作环境。

（3）缩短找寻物品的时间（实现随时方便取用）。

（4）清除过多的积压物品。

3．实施要领

（1）落实前一步骤"整理"的工作。

（2）分析现状。首先分析人们取得物品和存放物品为何需要这么久，特别是在存放许多工具和材料的工作地点。在取得物品和放回物品上消耗的时间过长，无形中会浪费工作时间。如果某人每天取放物品 200 次，每次需 30 秒，那么每天就需要 100 分钟。如果将所需时间减少到每次 10 秒，一天就可以节省 1 小时。分析后你会发现哪些问题要解决，然后运用相应的方法将之一一处理好。

（3）按确定的规则将物品分类、定位摆放，并加上必要的标识。物品分类就是确定物品属于哪一类别，要求分类简明、科学，必须依据公司的实际情况来确定物品分类规则。当摆放位置确定后，要加上标识，并让有关人员知道。因为物品种类繁多，人们可能不记得物品分类与存放的地点，因此有必要明确标志，以缩短人们取得物品的时间。

（4）遵守"三定"原则。物品的保管要遵守"三定"原则：定点、定容、定量。定点即确定物品的合理位置；定量是指确定合理的放置数量；定容是指确定容器、器皿。

1）定点：即将物品放在哪里合适，每一件物品都应该有一个存放的地点。原则上要根据物品使用的频率和使用的便利性来决定物品放置的场所，如无时常移动需要，地点应固定为好。图 10-3 为厨房刀具定点存放展示。

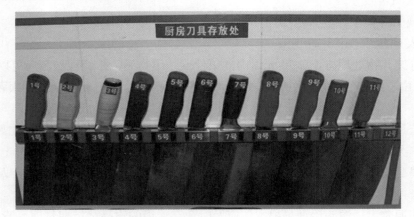

图 10-3　厨房刀具定点存放（有名有家）

在定点放置物品时，还应注意以下几点：

① 要清楚地展示储存对象或储存处名称。

② 对放置场所，如有必要可实行画线定位。

③ 简化取出、储存的过程，常用物品要容易取得，通常以 30 秒内可取出或放回物品为宜。

④ 安全储存。比如扫把、拖把等厨房清洁用具，可将其挂在一个专门的地点，并标明扫

把、拖把专区。这样一来每次都会快速地在同一个地方找到。另外，将拖把挂起还可以延长其使用寿命。又如砧板，洗刷完的砧板要竖着摆放，因为平放会使水渗入砧板内部，缩短砧板的使用寿命。

2）定容：确定采用什么容器、颜色。很多半成品用胶盒盛装，因为胶盒是半透明的，容易看到里面的物品。另外，用不同颜色的篮子装不同的部门单据，这是通过篮子的颜色来区别单据，以便更准、更快地将单据送到相关部门。

3）定量：规定合适的数量。确认每一样物品的最高存量与最低存量，会给工作带来便利。物品存放得太多，可能占用过多空间，还可能因为来不及使用而变质，在存放物品时应遵守所规定的存量范围。例如：存放香料（八角、辣椒等）、干料（大地鱼、虾米）时，将各种香料、干料分别放入统一购买的白色塑料盒中，并贴上绿线和红线。绿线表示原料储备的最低量，也就是说，如果原料存放量降到绿线时，就应该往其中添加原料了。红线表示原料的最高储备量，放置原料时不能超过此线。另外，每个塑料盒上标注的红线、绿线的位置是不同的，那是因为每种原料的周、日用量不同，因此在贴红线和绿线前，要对各原料的周、日用量做相应统计。图 10-4 显示的是物品的定容、定量存放。

图 10-4　物品定容、定量存放

遵循"三定"原则不仅方便拿取物品，更重要的是加强了对物品的有效管理，便于餐厅的成本控制。可以说，"三定"就是管理的核心。

（5）坚决贯彻按确定的区域、方法存放各类物品。比如，原料的存放要根据品种的不同采取不同的方法。一般洋葱、胡萝卜、土豆等没有经过清洗或者表面带有泥土的、可长时间存放的原料要放在货架的最底层；菜心、西兰花、青蒜段等叶类原料在洗净、控水后放在货架的上层，而且表面要覆盖微湿的布；切好的小料，如姜、葱段要装入料盒内放在冷藏箱的上层；切好的芹菜段、胡萝卜等要和小料放在一个冷藏箱内，同时它们也要装在塑料盒内加水浸泡，且一般放在冷藏箱的下层。如果是动物性生料，就不能与小料或配料放置在一起，它们的存放方法是：将其装入塑料盒中（水发原料要加水浸泡）放在冷藏箱内。存放前，要把存放物品的名称、存放时间写在贴纸上，贴在塑料盒上。

（6）明确放置标识。标识起着指示、提醒的作用，不但能让老员工持续按规范进行，新来的同事也容易根据标识提示规范操作。

① 放置场所和物品的标识原则上应统一。

② 利用目录将物品进行分类管理，可在分类目录中查找相应物品的放置场所。

③ 标识方法全公司要统一。

整顿的目的是要保证任何工作人员都能立即取出所需物品，要站在新员工、其他有关工作人员的立场考虑如何才能使物品摆放更为合理，以便物品能立即取出使用，且使用后能及时归位。

（三）3S——清扫

1. 含义

清除不需要的物品；清除工作现场各处的脏污物，使设备保养良好，保持工作现场整洁。

2. 目的

清扫的目的是保持工作场所干净、亮丽，防止环境污染。

3. 实施要领

（1）划分清扫责任区（室内、室外），做到区区有人负责。在厨房内画出整个厨房的平面图，用不同的颜色按照部门划分责任区，每个部门负责一个区域的卫生清扫工作，包括地面、炉灶、案台、墙面、冰箱、物品柜等的清洁。只要是属于自己区域内的物品，必须做到每日清洁。

（2）执行例行清扫，清理脏污。虽然随时进行的清扫已让工作场所变得较为清洁，但每隔一段时间的例行清扫还是很有必要的。比如餐厅的天花板、吊灯、空调页等，通常不是每天都进行清扫的，而会一个月或一周例行清扫一次。图 10-5 为清洁后的厨房。

图 10-5　清洁后的厨房

（3）清除污染源。比如装海鲜的篮子，开始时使用漏水的塑料筐，后来发现漏水太严重，对地面卫生造成严重影响，后来全部改用不漏水的盆子。没有漏水的污染，地面的卫生状况自然会更好。又如洗手后要把手擦干净，可有效避免水滴在地上。

（4）制定清扫标准作为规范。有针对性地制定清洁标准，以便执行、检查、评比时有所依据。

（5）确定检查频度和检查责任人，实施检查跟进。实施清扫，应做到"每人都应该有清扫的地方"。常清扫应该由全体成员一起完成。

（四）4S——安全

1. 含义

通过预防和检视工作，保证现场人员人身安全，确保设备、材料等财产不会有损失。

2. 目的

做好安全管理工作的目的是创造一个零故障、无意外事故发生的工作场所，让员工人身安全与企业财产安全不受侵害。具体可分为以下几点：

（1）让员工放心，以便更好地投入工作。

（2）确保没有安全事故及隐患，使生产更顺畅。

（3）避免人身伤害，减少经济损失。

（4）有责任、有担当，发生危险时能够应对。

（5）管理到位，让客户更加信任和放心。

餐饮企业的安全管理工作应以预防为主，防治结合，系统地建立起防伤、防污、防火、防水、防盗、防损等安保措施。安全工作常常因为细小的疏忽而酿成大错，只强调安全意识是不够的。因此企业应将"安全"的位置提升到"维护"之前，使之成为一个行动要素。在"维护""素养"当中，自然也应当包括"安全"要素。

3. 实施要领

（1）不要因小失大，应建立健全各项安全管理制度。如制定现场安全作业标准、火灾预防措施、应急措施和防损制度，以及食品安全注意事项。

（2）对操作人员的操作技能进行训练。很多工伤事故是由于员工操作不当引起的，因此事先对操作人员进行训练是防范工伤的好方法。生手必须在相关人员的指导下进行操作，直至掌握操作技能后，方可安排独立操作。

（3）进行安全操作标示。在餐饮企业中，安全操作设备、设施是非常重要的一环，而进行明确的安全操作标示则是非常必要的。要采用易懂的图片进行标示。图10-6所示为炉灶设备安全操作提示。

图10-6　炉灶设备安全操作提示

（4）及时检查安全情况。值班员工上下班时，应对有关安全事项进行检查；管理人员进行不定时抽查。餐饮企业应对消防设施、部分厨房生产设备设立定期检查制度。

（5）对出现异常的设备立刻进行修理，使之恢复正常。

（6）建立安全的生产环境。这是餐饮企业安全管理的必要环节。如厨房整体布局、完善的安全设备配置等综合因素，以及为防止滑倒而采用防滑砖等细节。此外，可加强员工安全意识教育，如为减少行走中的碰撞，鼓励"轻轻靠右走，重客又敬友"。

（五）5S——维护

1. 含义

维护是指将整理、整顿、清扫和安全实施的做法制度化、规范化，并贯彻执行及维持结果。

2. 目的

维护的目的是维持整理、整顿、清扫、安全的成果，做到制度化，并定期检查。

3. 实施要领

（1）明确责任划分，使整理、清洁、安全有人负责，检查不合格时可以追究相关人员的责任。做到每一个岗位、区域都有专人负责，并将负责人的名字和照片贴在相应处，以避免责任不清、互相推诿的情况发生；通过不断鼓励，增强员工的荣誉感与上进心，即使主管与经理不在，员工也知道该怎么做，并且明确自己要负的责任。

（2）制订奖惩制度。依据奖惩制度，对做得好的员工实行奖励，对做得不好的员工给予处罚。

（3）时常检查摆设、清洁、安全状态，及时纠正不达标现象。检查可随时进行，也可每班次、每天、每周、每月进行一次，具体可根据实际情况而定。员工要坚持日事日毕，每日及时维护，坚持每天收工前五分钟进行检查。在检查执行的方法上，主要是自检，同时高层主管也要经常带头巡查，以示重视。

（4）利用图片展示。在维护手法上，图片展示是非常有效的手段。最好是将错误做法与正确做法对比展示，让员工一看就能明白应该怎么做。

（5）培养维护的观念。只有在良好的工作场所才能高效地生产出高品质的产品；维护是一种用心的行动，千万不要只做表面文章；维护是随时随地都要做的工作，而不是上下班前后要做的工作。

（6）养成维护习惯。一件事经常重复做就会养成习惯，自觉接受与积极坚持会加速习惯的养成。养成维护习惯应坚持"四不要"，即：不要放置不用的物品；不要弄乱工作场所；不要弄脏工作场所；不进行不安全的操作。

维护就是连续、反复地坚持整理、整顿、清扫和安全活动。确切地说，维护包括以下几种方法：

① 视觉管理法。视觉管理法中一个有效的方法就是张贴合适的标签，如合格标记、位置标记、安全标识、名称标识。图10-7为厨房手布视觉管理展示。

② 保持透明度法。规范的维护活动还应该考虑"透明度"的问题。在绝大多数厨房里，工具和食品原料都习惯性地放在非透明冰柜里和密封的架子上。这样一来，人们就看不见这些工具和食品原料了。最好的办法就是尽量使用透明的盒子。图10-8所示为冰柜物品存放展示。

图 10-7　厨房手布视觉管理

图 10-8　冰柜物品存放（透明、有名、有量）

③ 视觉监察法。例如，为了让人看得见风扇吹风的地方，许多地方都会在风扇上系上一条小丝带，这种方法被称作"视觉监察法"。

④ 故障地图法。当出现问题时，可以把这些问题在地图上标示出来。例如，用圆钉来标明问题所在、紧急出口、救火设备位置以及其他的重要地点。地图应该挂在人人都可以看见的地方。当然，故障地图也可以用来显示不会出故障的地点。

⑤ 量化法。不断进行测量，量化其结果并进行详细的统计和分析，在此过程中你会发现管理工作当中的缺陷，使你能做到防患于未然。

（六）6S——节约

1. 含义

节约是指对时间、空间、资源等方面进行合理利用，以发挥它们的最大效能，从而创造一个高效率、物尽其用的工作场所。

2. 目的

节约的目的是通过节约行为，发挥资源价值，降低成本，提升收入，增强企业竞争力。

3. 实施要领

（1）对时间、空间、能源、资源等进行分析，找出节约的方法。

1）请专家给予建议。

2）鼓励员工提出节约建议。可要求各部门管理人员提出两条或两条以上的节约建议，普通员工提出一条或一条以上的节约建议，对提出好建议的人员给予表扬和奖励。

3）对照国内外同类先进企业的指标和环节进行分析。根据分析结果，找出差距、提出目标、制定措施，拿出具有挑战性的目标规划。

（2）建立节约规则。通过（1）的实施，我们可以找到很多节约方法。这些方法就构成了一个节约规则。

（3）将节约责任分解到有关责任人，将方法传授给有关责任人。推行各类费用按核定的数额包干使用的办法，年终奖优罚劣，超支不补，节余转下月；将责任分解到人时，还需将实施方法传授给他们，可通过培训、引导等形式传授。

实施节约时应该秉持三个观念：

1）能利用的东西尽可能利用，比如一张纸两面用；

2）以自己就是主人的心态对待企业的资源；

3）切勿随意丢弃，丢弃前要思考其剩余的使用价值。

（4）全员参与实行节约。

（5）采用先进的设施设备。比如用节能灯、节能热水器、节能生产机等。有些设施、设备刚开始投入的资金可能多些，但从长远来看是节约的，在资金允许的情况下应果断采用。

（6）万元分析法。万元分析法即分析每一万元营业额的成本是多少，成本通常又可细分为水电、材料、人工等多个方面。通过与往年、上月等的万元营业额成本进行对比，就知道哪些方面达标，哪些方面有待改进。

（7）设立曝光栏。对各类浪费现象进行曝光，对各类节约举措进行表扬。大力营造"节约光荣，浪费可耻"的良好氛围。

（七）7S——素养

1．含义

养成良好的习惯，自觉遵守规则；树立讲文明、懂礼貌的品德。

2．目的

培养具有好习惯、遵守规则的员工；提高员工的文明礼貌水准。长期坚持，才能养成良好的习惯。通常一个习惯行为的养成需要 21 天，稳固要 90 天。

素养是"8S"管理的核心，没有人员素养的提高，各项活动就不能顺利开展。员工的素养是需要逐步培养的，不是天生就有的，所以餐饮要为员工提供培训机会，使其不断提升自己。图 10-9 所示为某餐饮企业整齐的员工队伍。

图 10-9　整齐的厨师队伍

首先，餐饮企业应将"8S"管理法的相关知识列为入职培训的重点内容，新入职的员工必须接受培训并参加考核。

其次，餐饮企业应将"8S"管理法相关内容进行"目视化管理"。做法是制作"8S"管理法学习卡，把"8S"管理的要求都写在卡片上，并把卡片分发给每位员工，让他们随时随地进行自我检测。同时，开辟"8S"管理法学习专栏，将"8S"管理法的精选内容、执行心得贴于专栏，方便员工学习交流。

3．实施要领

（1）制定共同遵守的规章制度。如清洁标准、安全手册、礼仪守则、节约法则等。

（2）将各种规章制度目视化。将组织架构及服务宗旨张贴在工作场所显眼处。

（3）实施各种教育培训。管理部门定期组织新员工参加各种培训，并指导员工实践。作为员工，则应当主动学习专业知识，提升业务能力。企业应该设立示范单位让员工参观，参观也是比较好的教育方法。

（4）组织各种修养提升活动。如召开晨会、开展"微笑月"活动等。

（5）奖罚分明。对表现优异的部门或个人实行表扬，对做得不好的给予处罚并指导改正。

（6）对于违反规章制度的情况要及时予以纠正。实施过程中，要根据具体情况制定一个标准的操作流程，包括规章制度（比如物品摆放制度、员工日常守则等），并且经常检查，如发现问题，应立即确定解决问题的最后期限，并监督检查最后的落实情况。比如，当发现物品摆放位置不对时，应责令负责人立即改正。

（7）不断强化。通过宣传、培训、激励等方法，使上述各项活动成为员工发自内心的自觉行动。

（八）8S——学习

1．含义

坚持学习，每天进步一点点，不断提升工作能力和工作质量。

2．目的

通过学习活动，培养进取精神，在品质上精益求精，让企业保持领先，永葆活力。学习与进步是个人和企业的共同责任，企业要认真做好引导。

3．实施要领

（1）培养良好的学习习惯，不断取得进步。一个善于学习的人总能不断取得进步；一个善于学习的企业，总能不断突破创新。自我进步的方法，就是通过学习不断改善和提高，并不断发现问题和解决问题。

（2）要相信自己有潜力，而不要妄自菲薄。一是要相信自己，每个人都有巨大的潜力；二是要相信自己的团队，有些事情自己做不到，但有了团队的支持就可能实现。妄自菲薄不可取，自命不凡更不宜。

（3）保持谦虚不骄傲。虚心使人进步，骄傲使人落后。企业的发展和员工的不断进步是企业永续经营的关键。面对困难时，无论是企业还是员工，都应虚心向他人请教，而不是自己闷头做无用功。学会谦虚才能获得成功。取得成绩时，切不可沾沾自喜，而应戒骄戒躁，保持谦虚。

（4）要主动。工作要主动去做，不应等上司来催促才行动。

（5）掌握进步的技巧

技巧一：连问几个为什么。一件事，多问几个为什么，通常就能找出真正的原因，找到原因就可能找到方法。比如：

问：为什么地会脏？

答：因为没有扫干净。

问：为什么没有扫干净？

答：忘扫了。

问：为什么忘了扫？

答：因为××太忙了。

问：为什么他会忙？

答：因为他经常出差。

问：他为什么出差？

这就是多问几个为什么，从而可以找到问题的源头，最后找出解决问题的方案。

技巧二：每天进步一点点

俗语说"一口吃不成一个胖子"。但每天进步一点点却是可以办到的。每天进步一点点，是指时常保持进步，一点一点积累，就会逐渐达到一种优秀的、卓越的境界。

技巧三：常出去走走，关注外界；常进行比较，敢于竞争，就会常比常出新、常赛常进步。

比如某餐饮公司时常组织员工去考察，到同行的餐厅试菜，了解服务。好的方面多学习，不足之处作为警示。

三、"8S"管理法的十个作用

总体来说，"8S"管理法具有以下 10 个作用。

（1）为餐饮企业营造整洁的环境。

（2）有利于实行标准化的管理。

（3）有利于树立企业品牌。

（4）有利于规避风险。

（5）有利于降低成本。

（6）有利于提高效率。

（7）有利于保证工作质量。

（8）有利于改善人际关系和创造快乐的工作氛围。

（9）有利于提升员工的修养。

（10）有利于餐饮企业形成持续进步的文化。

四、实施"8S"管理法应遵循的四个原则

1．营造热情高涨的氛围

"8S"管理法的实施要求每一位员工都要参与其中，最好的办法就是营造热情高涨的氛围。召开动员会、管理人员以身作则宣教、张贴宣传标语、分享心得、成果（图片、视频）展示、表彰等手段是营造热情高涨的实施氛围的好方法。同时，在动员阶段、实施阶段、评

估验收阶段、复评阶段可灵活采用不同的方法，让员工时刻置身其中，一鼓作气完成"8S"管理法的实施工作。

2．持续投入

任何一项工作都需要投入，然而，推广"8S"管理法需要持续投入才可以获得回报。首先就是人力的投入。人力投入是不需要投入资金就可以获得收益的最好办法，高层管理者值得持续投入以改善企业的管理水平。其次是适当的硬件投入，主要指规范物品摆放所需的货架、保鲜盒、标签、宣传栏、标语、安全指示牌，以及厨房照明等。这些投入比起餐厅的装修投入是微不足道的。最后，随着经济效益的增加和业务的增多，应进一步合理增配人员。

3．推广程序紧凑有序

推广"8S"管理法的程序应合理、有序，不但可以节约大量的人力和物力，而且能鼓舞员工的士气。"8S"管理法推广程序如图 10-10 所示。

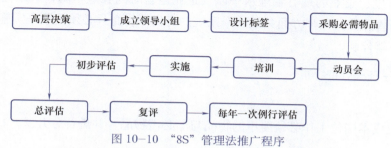

图 10-10　"8S"管理法推广程序

从时间上看，1～4 项程序的实施时间可以长一点，30～60 天都可以。因为在这段时间里，高层管理者需要考虑企业的发展规划、标签标识的图案和颜色，以及采购物品的材质、摆放的位置等，而且在这个阶段只有少数人员参与。5～9 项程序的实施，根据实践结果，最好是紧凑点，完成时间可以设定为 28 天。中间设立一次初评，时间为第 21 天。初评 7 天后进行总评估，这样还有时间完成需要整改的内容。复评时间安排在总评估 180 天后。最后就是每年一次的例行评估。

4．管理手册简单实用

总评估完成后，需要制定"8S"管理手册，并在企业日常运营中实施。"8S"管理手册的制定以简单实用为原则，以"8S"管理法实施细则为依据，将评估中的好经验、好方法，写入"8S"管理手册，这样员工才会对"8S"管理手册产生认同感，以便于今后实施。

单元二　现代厨房"6T"管理法

"6T"管理法是指"六个天天要做到"，即天天处理，天天整合，天天清扫，天天规范，天天检查，天天改进。其宗旨是让管理者和一线员工都行动起来，一起发现问题，找出解决办法。

一、"6T"管理法的衍生来源

2004 年，上海烹饪协会会长在借鉴日本"5S"现场管理法的基础上，按照国家对餐饮企业的管理规定要求，结合中国餐饮的实际情况，根据各酒店的实际操作规范，总结实施经验，制定了"6T"管理法。它是科学、系统、长效的安全、卫生厨房规范管理系统。2010年，上海市技术监督局将"6T"管理法发展成为餐饮企业现场管理的地方标准。2011年11月，国家商务部正式颁布"6T"管理法并在全国开始推行。

二、"6T"管理法的科学内涵

"6T"管理法是专门针对饭店和餐饮企业提出的，并与中国饭店协会联合，向全国饭店与餐饮企业推广普及，是企业实现节能降耗、改善工作环境、发展健康餐饮、塑造品牌形象、增强凝聚力和核心竞争力的有效途径和重要管理工具，具有较强的针对性，不适用于其他行业。"6T"管理法是一个操作层面的管理规范，简单易学，一般通过三到五天的培训即可掌握。但企业实施"6T"管理法是一个全员参与、提高的过程，需要一个相对较长的周期，根据企业高层的重视程度、企业的现有管理水平以及企业运营时间长短不同，大致需要3～9个月的时间。"6T"管理法的六个方面又是一个系统的有机体，而且必须按顺序实施，不能颠倒，不能取消，也不能停顿。

（一）1T——天天处理

1. 含义

准确判断完成本岗位工作必须要用的物品与非必需物品，并进行分开。

2. 目的

将必需品数量降低到最低限度，放在一个很方便、随手就能取到的地方，进行分层管理，工作区只放必需品。因为物品会不断补充、流入工作现场。由于工作变化，必需品也会成为非必需品。

3. 实施要领

（1）马上要用的，但暂时不用的，应先把它们区别开；一时用不着的，甚至长期不用的，要区分对待。

（2）将必需品按用量多少分层存放与管理。图10-11为实行分层存放管理后的厨房一角。

图 10-11　实行分层存放管理后的厨房一角

（3）对可有可无的物品，不管是谁买的，无论多昂贵，都应坚决处理掉。清理非必需品时必须把握好的原则是物品现在有没有使用价值，而不是购买价值。

（4）许多人往往混淆了客观上的"需要"与主观上的"想要"，他们在保存物品方面总是采取一种保守的态度，最后把工作场所变成了杂物间，所以对管理者而言，准确地区分"需要"还是"想要"是非常关键的。

（5）对私人物品应集中存放，例如：喝水用的茶杯不能放在工作台上，要集中存放在饮水区。图 10-12 为集中存放的水杯。

图 10-12　集中存放的水杯

（6）天天处理时要贯彻精简、效能的原则，采用最简单的方法。例如：一张纸的公告、一小时会议、一套工具（文具）、文件存放在一个地点、一分钟电话、一站式顾客服务等。

（二）2T——天天整合

1．含义

将必需的物品放置于任何人都能立即取得的位置，实行物品分类集中放置，有合理容器、有"名"有"家"。以能在 30 秒内取出和放回文件和物品为宜。

2．目的

通过整合使工作场所物品的存放一目了然，缩短了找寻物品的时间。整合可以提高工作效率，而任意决定物品的摆放必然不会使工作效率提高，这样做只会让寻找时间加倍。研究物品存取管理办法，先要决定物品的"名"和"家"，目的是用最短的时间存取物品，即在 30 秒内可取出或放回物品。

3．实施要领

（1）物品存放要做到有"名"有"家"。所有物品都有一个清楚的标签（名）和存放位置（家）。在每样物品（瓶、盒子）上都贴上品名，而在存放该物品的货架位置上同样也应贴有该物品的品名，做到"名"和"家"，对应一致便于寻找，如图 10-13 所示。每样物品位置标签上要注明存放数量的标准和日期，并按先进先出、左入右出的路线摆放。

图 10-13　物品有"名"有"家"　——对应存放

（2）每个分区位置（家）要有布置总表（或总平面图），还要有负责人标签，内容包括负责人照片、姓名、休假日代理负责人。将经常使用的物品放在离工作地点最近的地方，特殊物品及危险品必须设置专门场所并由专人来进行保管，重的物品放在下面的货架上，轻的物品放在货架的上层。图 10-14 为餐具柜布局平面图。

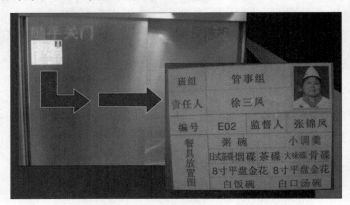

图 10-14　餐具柜布局平面图

（3）文件、物料、工具等要用合适的容器或以稳妥的方式存放。

（三）3T——天天清扫

1. 含义

整个组织所有成员一起来完成，每个人都有自己应该清洁的地方和范围，划分清洁区域，将责任区落实到每位员工，制定清洁卫生标准。

2. 目的

将工作现场打扫得没有垃圾、没有灰尘、没有油渍，地面和整体环境保持光亮洁净。图 10-15 为干净整洁的厨房环境。

图 10-15　干净整洁的厨房环境

3. 实施要领

（1）各级领导以身作则。厨房所有管理人员（行政总厨、厨师长）和各部门领导（部门厨师长、主管）都要有个人清洁的责任区，而不是只靠行政命令要求下属员工去执行。

（2）制订清洁责任区划分总表。将厨房所辖区域划分责任区到各个部门，各部门再将责任区分配给每个员工，分配区域时必须绝对清楚地划分界限，不能留下无人负责的区域，即死角。制订清洁和维修的标准与检查表。

（3）杜绝污染源。调查工作现场是否存在卫生死角，对于那些隐蔽的区域定期进行彻底清扫。

（4）使清洁和检查工作变得容易。要求人人做清洁、天天做清洁，而不是单靠突击大扫除。只有使清扫和检查工作变得容易，随手就可以清扫，员工就能够天天坚持去做。所有货架、冰箱均需离地 15 厘米就是一项有效的措施，可为打扫提供便利，避免产生卫生死角。另外，维修工具集中悬挂存放，方便取用清点。图 10-16 为集中悬挂的维修工具。

图 10-16　维修工具集中悬挂

（四）4T——天天规范

1. 含义

采用透明度管理、视觉管理、看板管理等一目了然的现场管理方法，使各种现场管理要求实现规范化、持续化，让员工明白自己的管理责任。

2．目的

将厨房的各项现场管理要求规范化和制度化，提高工作效率。

3．实施要领

天天规范的要点就是将前"3T"的成果制度化、规范化，坚持执行以巩固成果并将其成果扩大到各个管理项目中。

（1）将前3T实施的成果制度化规范化。

1）建立经常性的培训制度。

2）建立经常性的激励制度。要设置墙报栏，登载改善前后的对比照片，表彰先进，报道企业中各部门成功推进的各种信息。

3）建立经常性的奖惩制度。要对实施"6T"管理法的情况进行经常性的考核，企业考核部门，部门考核工作间（档口）和个人。对优秀的工作间（档口）和员工要进行奖励，对存在的问题要及时解决，对屡教不改者要进行惩处。

（2）全面推行颜色和视觉管理。颜色和视觉管理，就是利用形象直观而又色彩适宜的各种视觉感知信息来组织现场生产活动。颜色和视觉管理是一种以公开化和视觉显示为特征的管理方式，也可称为看得见的管理，或一目了然的管理。这种管理方式可以贯穿于各种管理的领域当中。图10-17为不同颜色的垃圾桶。

（3）增加管理的透明度。

1）清除不必要的门、盖和锁并增加透明度。

2）设置现场工作指引标志。图10-18中的地面设置了厨房现场人员流动指引标志。

图10-17　不同颜色垃圾桶

图10-18　厨房现场人员流动指引标志

（4）把安全的目标纳入天天规范的重点之一。

1）现场直线直角式布置，安全通道畅通。

2）消防安全要求规范化。灭火器、警告灯、紧急出口灯箱和走火逃生指引要清楚设置。

3）用电安全要求规范化。电掣开关和功能要有明显的标志，电线要按用电管理标准使用，不准乱接乱拉电线。

4）个人操作安全规范化。搬运重物要有重量限制，超过25公斤的物品要由两个人来搬。弯腰搬运和举高时重量还应轻一些。

5）各项安全政策规范化。建立安全生产承诺制度并组织风险评估工作，针对噪声、振动及其他危险情况制定预防措施。

（5）扩大到厨房管理各项目标的规范化。

1）节约资源既是节约型社会的需要，也是企业降低成本的重要措施。

2）品质管理是厨房管理的重中之重。要从原材料采购环节抓起，将企业制作产品所需的各种原材料的品质标准规范化，让每一个与之相关的员工都清楚明白。

3）环境美化是厨房员工工作舒心的基本要求，也是企业形象的重要表现。

（五）5T——天天检查

1. 含义

创造一个具有良好习惯的工作场所，持续地、自律地执行上述 4T 要求，养成制订和遵守规章制度的习惯。

2. 目的

每天收工前 5 分钟执行 "6T"，按照规定的方式做事，保证日常工作的连续性。通过交叉管理（检查）、管理权适当下放，培养员工的责任心和自信心。

3. 实施要领

（1）要有健全的组织架构。厨房部最高管理者——行政总厨或厨师长，要担任厨房部持续推行 "6T" 管理法的第一负责人。

（2）厨房中的每一位员工都要有个人应该完全履行的职责：

1）履行个人职责，包括保持优良的工作环境和守时。

2）穿戴合适的衣帽、手套、鞋、口罩等。

3）保持良好的服务态度，进行沟通训练。

4）每天收工前 5 分钟执行 "6T"。

5）今天的事今天做完。

（3）编写和遵守员工 "6T" 管理手册。

（4）要定期对现场管理情况进行审核。

（六）6T——天天改进

1. 含义

管理坚持正常化、日常化、习惯化、自然化、真实化，提升企业品质与效率。

2. 目的

"6T" 管理是一个螺旋向上、不断改进、不断上升的过程。不能认为完成前 5T 就可以结束了，要知道企业的内外环境在变化，尤其餐饮行业不是生产某种标准产品，因为原材料在变化，消费者口味在变化，烹制工艺在变化，经营方式也在变化，因此必须对客人反馈的意见进行分析总结，拿出改进办法。天天找不足，天天改进，有利于实现自我突破与追求卓越。

3. 实施要领

管理人员不能在第一轮达标后就停下来。以为 "6T" 管理实施成果能一直保持下去这个观点是错误的。只有一轮一轮提出新目标，不断追求卓越，才能巩固前一轮的成果，才能使厨房的现场管理水平不断提升。

三、"6T"管理法的五个作用

推广"6T"管理法不但可以改善餐饮企业的卫生情况、菜品质量、经济效益、企业形象和综合竞争力，还可以使员工养成良好的习惯。其作用主要有以下几个方面。

1．提高工作效率，减少工时浪费

餐饮业是一个劳动人员密集的行业，需要大量的工作人员，工资成本在营业收入中占的比重也越来越高。如何提高工作效率，减少工时浪费，是每个餐饮企业都很关心的问题。实施"6T"管理法后，长期不用的物品清理掉或放回仓库；必需品可按不同用量分别存放在随手就能取到的地方；所有物品都有清楚的标签，散装、袋装物品都用透明有盖的食品盒存放，做到有"名"有"家"，"名""家"相符，保证任何员工都能在30秒内取放任何物品。这样一来，寻找物品耗费的工时就可以大大减少，提高了工作效率。

2．提高卫生程度，经常保持清洁

冰柜和置物架的底板均离地15厘米，方便清洁卫生和检查，不会留下垃圾和卫生死角。餐厅的地面由专人负责，随时清扫、随时保洁，实现了餐厅地面整洁有序无杂物的理想状态。备餐柜餐具入口与非入口分开，防止交叉污染。酒水库房做到先进先出，左进右出，每种饮品都标明保质期天数，杜绝食品过期的隐患。洗碗间流程合理，确保餐饮业卫生规范已落实到每位员工和每个细节。

3．降低成本费用，减少资源浪费

节能降耗是国家经济可持续发展的大事，也是餐饮企业降低成本费用的重要措施。实施"6T"管理可以把节能降耗的目标落实到每个员工和每个细节，人人动手，天天落实节水、节电、节气，能源费用降低10%是完全可以实现的。例如，餐厅工作灯和照明灯设分开开关，收档时只开工作灯，并且规定了开关时间，节电效果十分明显；物料领用有最高领用量和最低领用量的规定，一般控制在三天用量之内，可使库存控制在合理的范围之内，减少流动资金的占用。

4．改善人际关系，发扬团队精神

所有现场的物品管理，清扫清洁，都划分了责任区，每个区域或岗位都有责任人，并且责任人的姓名都贴在区域分布图内。每个人都希望把自己的工作做好，并且希望同事们尊重自己的成果，同样他也会自觉地支持他人的管理要求，因此员工之间就要互相支持，形成良好的团队精神。

5．提高员工素质，养成良好习惯

通过实施"6T"管理法，所有工作的细节都有简单明了的操作标准，可以全面规范餐厅的各项管理要求，使员工养成良好的行为习惯，在企业内部形成讲规矩、爱清洁、负责任的氛围。因此必须坚持实施"6T"管理法，振奋员工的士气，发挥其聪明才智，上下一心，不断进取。"6T"管理法实施的成果，是全体员工共同努力的结果，实施"6T"现场管理法后，厨房面貌会有明显的变化。

四、实施 "6T" 管理法的三个阶段

"6T" 管理法是一个系统的管理模式，实施起来涉及面很广，完全导入后几乎会颠覆原来的管理模式。"6T" 管理法的实施需要按照严谨有序的步骤开展，才会取得事半功倍的效果。

（一）准备阶段

准备阶段是指餐饮企业了解 "6T" 管理法之后，决定导入 "6T" 管理法之前的这段时间。此阶段的主要工作是宣传、召开员工动员会、准备必需物品等，准备工作越缜密，推广会越顺利。

1. 最高管理者决心推广 "6T" 管理法

推广 "6T" 管理法不但要投入必要的资金，还要投入更多精力，特别是在验收评估工作之前，工作量非常大。推广 "6T" 管理法好比拆掉一座老房子并重新建一座房子，从设计到施工，从人员到资金，都需要最高管理者亲自指挥、协调。

2. 成立实施小组

推广 "6T" 管理法必须依靠一定的组织形式来完成。因此，餐饮企业应设置合理的 "6T" 管理法实施小组，保证推广 "6T" 管理法的所有工作都得以落实，并明确个人职责和各项工作职能，以便实施工作有序开展。

3. 组织员工学习

"6T" 管理法是一种比较新的管理模式，员工对于 "6T" 管理法的内涵和实施方法知之甚少，这就需要为员工提供 "6T" 管理知识方面的培训。员工学习越深入，就越会积极参与其中。相反，员工就会产生抵触情绪。

（二）组织实施阶段

组织实施阶段员工会感到比平时多了很多工作，这时员工会表现出厌烦情绪，甚至会影响正常开餐工作，更有个别员工因此辞职。因此，在实施过程中，既要保证工作按时完成，又要采用多样化的手段组织实施，如实施 "6T" 管理法前后对比、设立多种奖励方式、组织趣味技能比赛等，让员工在一浪又一浪的欢快活动中度过实施阶段。实施阶段时间不宜过长，在实施到一半时就要确定验收评估的时间，让全体员工树立一个目标，并朝这个目标努力，这样大家就会拧成一股绳，忘我地工作。对于全体员工的辛劳工作，应给予适当的物质奖励。

（三）评估验收阶段

评估的目的在于找出差距，改正存在的问题，而不是处罚没有达到要求的员工。在正式评估之前，餐饮企业应进行模拟评估，待满足条件之后，再向评审机构申请评估，这样会更加充分地调动员工的积极性。很多餐饮企业认为，评估通过就万事大吉了，或者在评估机构收了评估费用后，就撒手不管了，这是导致 "6T" 管理法失败的主要原因。定期内审外评是推动 "6T" 管理法持续进步的法宝，"6T" 管理法的推广如果要取得成功，就应定期组织评估与验收，这样实施的效果才好。

课后习题

一、名词解释

1. "6T"管理法
2. 天天处理
3. 天天规范
4. "8S"管理法
5. 清扫
6. 节约

二、填空题

1. 厨房管理从经验型向规范型转变的标志是"_____"等现代管理制度的引进、应用和推广。

2. 各地在工作中不断改进，形成了"6T""8S"等多种衍生管理法，并使之不断充实、完善，成为厨房管理最_____、最_____的工作制度和规范。

3. 良好的_____的关键就是有能力判断物品的使用效率并确保把必要的物品放在恰当的地方。

4. 实施_____，应做到"每人都应该有清扫的地方"。

5. "6T"管理法是专门针对_____和_____企业提出。

6. 物品存放要做到有"_____"有"_____"。

7. 推广"6T"管理法不但可以改善餐饮企业的卫生情况、菜品质量、经济效益、企业形象和综合竞争力，使员工养成_____。

三、选择题

1. 物品的保管要遵守"三定"原则，即（　　　）。
   A. 定点　　　　　B. 定容　　　　　　　C. 定量　　　　　D. 定人

2. 养成维护习惯应坚持"（　　　）不要"。
   A. 三　　　　　　B. 四　　　　　　　　C. 五　　　　　　D. 六

3. 实施"6T"管理法的三个阶段分别是（　　　）。
   A. 准备阶段　　　B. 组织实施阶段　　C. 评估验收阶段　D. 收尾阶段

4. 天天整合能在（　　　）秒内取出和放回文件和物品。
   A. 30　　　　　　B. 40　　　　　　　　C. 50　　　　　　D. 60

四、判断题

1. "5S"的引进，让许多餐饮企业眼前一亮，这种办法解决了餐饮企业最头疼的人事管理问题。　　　　　　　　　　　　　　　　　　　　　　　　　　　　　　　　　　（　　　）

2. 分层管理要求先判断物品的重要性，以便减少不必要的积压物品。　　　（　　　）

3. 分层管理可以确保必要的物品就在手头，但很难获得最高的工作效率。（　　　）

4. 整理活动中有一条称作"单一便是最好"的原则。　　　　　　　　　　（　　　）

5. 清扫应该由全体成员一起完成。　　　　　　　　　　　　　　　　　　（　　　）

6. 贯彻常安全的过程中，建立安全的环境是非必需的环节。　　　　　　　（　　　）

7. 实施"6T"管理法可以把节能降耗的目标落实到每个员工和每个细节，人人动手，天天落实节水、节电、节气，能源费用降低 10% 是完全可以实现的。　　　　（　　　）

8. 推广"6T"管理法必须依靠一定的组织形式来完成。　　　　　　　　　（　　　）

五、简答题

1. 厨房"8S"管理法具体包含哪些内容？

2. 厨房"6T"管理法包含哪些内容？

3. 简述"6T"管理法的五个作用。

4. 简述"修养"的实施要领。

5. 简述实施"8S"管理法应遵循的四个原则。

参 考 文 献

[1] 邵万宽. 创新菜点开发与设计 [M]. 2 版. 北京：旅游教育出版社，2014.

[2] 马开良. 餐饮管理与实务 [M]. 北京：高等教育出版社，2003.

[3] 邢颖. 餐饮企业战略管理 [M]. 北京：高等教育出版社，2004.

[4] 袁世伟，段仕洪. 现代酒店餐馆厨房管理 [M]. 北京：中国林业出版社，2009.

[5] 吴克祥. 餐饮经营管理 [M]. 2 版. 天津：南开大学出版社，2004.

[6] 郝冬霞. 实战厨政管理大全 [M]. 吉林：吉林科学技术出版社，2008.

[7] 马开良. 现代厨房管理 [M]. 2 版. 北京：旅游教育出版社，2008.

[8] 卢亚萍. 现代酒店营养配餐 [M]. 哈尔滨：哈尔滨工业大学出版社，2009.

[9] 马开良，夏雯婷，葛焱. 餐饮市场营销实务 [M]. 北京：高等教育出版社，2015.

[10] 匡粉前. 餐饮成本核算与控制一本通 [M]. 北京：化学工业出版社，2012.

[11] 刘致良，石强. 烹饪基础 [M]. 北京：机械工业出版社，2008.

[12] 陈炳岐. 麦当劳与肯德基全球两大快餐帝国的连锁餐饮秘诀 [M]. 北京：中国经济出版社，2007.

[13] 陈云川. 饭店市场营销 [M]. 北京：机械工业出版社，2009.

[14] 陈觉，何贤满. 餐饮管理经典案例及点评 [M]. 沈阳：辽宁科学技术出版社，2003.

[15] 刘彤. 旅游烹饪职业道德 [M]. 成都：四川人民出版社，2003.

[16] 叶伯平，杨柳. 餐饮企业人力资源管理 [M]. 北京：高等教育出版社，2010.